数据采集与处理技术研究

邹志琼 著

武汉理工大学出版社
WUTP Wuhan University of Technology Press

图书在版编目（CIP）数据

数据采集与处理技术研究／邹志琼著. -- 武汉：武汉理工大学出版社，2025.6. -- ISBN 978-7-5629-7461-1

Ⅰ.TP274

中国国家版本馆 CIP 数据核字第 2025ZY6843 号

数据采集与处理技术研究
SHUJU CAIJI YU CHULI JISHU YANJIU

责任编辑：尹珊珊
责任校对：何诗恒
封面设计：杜　婕
出版发行：武汉理工大学出版社有限责任公司
　　　　　　（武汉市洪山区珞狮路 122 号　邮编：430070）
经销单位：全国各地新华书店
承印单位：天津和萱印刷有限公司
开　　本：710×1000　1/16
印　　张：11.25
字　　数：200 千字
版　　次：2025 年 6 月第 1 版
印　　次：2025 年 6 月第 1 次
定　　价：68.00 元

版权所有　翻印必究
（如发现印装质量问题，请寄本社发行部调换 027-87391631）

前言

随着信息技术的飞速发展和数字化时代的到来,数据采集与处理技术已经成为众多领域中不可或缺的重要工具。无论是在工业控制、智能交通、医疗健康,还是在通信、航空航天等领域,数据采集与处理技术的应用都显得尤为关键。这些技术不仅为科学研究提供了有力的支持,更为人们的日常生活带来了诸多便利。

数据采集是获取数据并将其转换为可用数字信号的过程。这一过程通常涉及传感器技术、信号调理技术、数据采集电路以及计算机接口技术等多个方面。传感器作为数据采集的核心部件,能够将各种物理量(如温度、压力、流量等)转换为电信号,从而实现对各种参数的实时监测。而信号调理技术则通过滤波、放大、转换等手段,提高信号的稳定性和可靠性,为后续的数据处理提供坚实的基础。

在数据采集过程中,选择合适的采集系统和传感器至关重要。不同的应用场景和需求对数据采集系统的精度、稳定性、实时性等都有不同的要求。因此,在设计和选择数据采集系统时,数据采集人员要充分考虑实际需求和条件,确保采集到的数据准确、可靠且能够满足后续处理和分析的要求。

与数据采集相对应的是数据处理技术。数据处理主要包括数据的存储、清洗、分析等方面。数据存储是数据处理的基础,通常采用分布式存储技术,如 Hadoop、Spark 等,这些技术具有高可靠性和高扩展性,能够处理大规模数据的并行计算。数据清洗则是为了消除数据中的噪声、重复和不一致等问题,提高数据的质量和可用性。数据分析是数据处理的核心环节,利用各种算法和模型对数据进行挖掘和分析,提取出有价值的信息和知识。通过数据分析,数据处理人员可以发现数据中的规律和趋势,为决策和优化提供支持。

近年来，随着大数据技术的兴起和发展，数据采集与处理技术迎来了新的机遇和挑战。大数据采集不仅涉及传统的传感器和数据仓库技术，还包括网络爬虫、社交媒体监测等多种手段。这些技术使得人们能够获取到更多、更全面的数据资源，为数据处理和分析提供了更加丰富和多样的素材。

然而，大数据的采集与处理也面临着诸多难题。例如，大数据的规模和复杂性对存储和处理能力提出了更高的要求。传统的数据处理方法和技术已经难以满足大规模数据的处理需求，因此需要采用更加高效和先进的算法和技术。此外，大数据的安全和隐私保护问题也日益突出。在数据采集和处理过程中，如何确保数据的安全性和隐私性，防止数据泄露和滥用，是亟待解决的重要问题。鉴于此，笔者在总结前人研究成果及自身多年科研经验的基础上，系统梳理了数据采集与处理技术的相关知识，并编撰了此书。

本书主要对数据采集与处理技术进行了系统论述。概述了数据采集的基础知识，具体包括数据采集的发展历史、概念、任务、类型、重要性、基本流程；分析了传统数据采集方法和现代数据采集技术；从数据处理技术基础、数据挖掘与数据分析技术、数据安全与隐私保护技术等多个方面对数据处理技术进行了具体剖析；探索了数据采集与处理技术的应用领域、面临的挑战与发展趋势。

在写作过程中，笔者查阅了很多国内外资料，吸收了很多和数据采集和处理相关的最新研究成果，借鉴了大量学者的观点，在此表示诚挚的感谢！由于时间仓促，加上笔者能力有限，书中难免存在不足之处，请广大读者批评指正。

邹志琼

2025 年 2 月

目 录

第一章　数据采集概述 ………………………………………… 1
第一节　数据采集的发展历史 ……………………………… 1
第二节　数据采集的概念与任务 …………………………… 3
第三节　数据采集的类型与重要性 ………………………… 6
第四节　数据采集的基本流程 ……………………………… 13

第二章　传统数据采集方法 …………………………………… 16
第一节　手工数据采集 ……………………………………… 16
第二节　传感器数据采集 …………………………………… 22
第三节　自动化数据采集系统 ……………………………… 28
第四节　传统数据采集方法的优缺点分析 ………………… 36

第三章　现代数据采集技术 …………………………………… 40
第一节　物联网数据采集 …………………………………… 40
第二节　大数据技术采集 …………………………………… 46
第三节　云计算数据采集 …………………………………… 53
第四节　人工智能与机器学习辅助采集 …………………… 57

第四章　数据处理技术基础 …………………………………… 64
第一节　数据处理的基本概念与流程 ……………………… 64
第二节　数据清洗与预处理技术 …………………………… 67
第三节　数据转换与格式处理 ……………………………… 75
第四节　数据集成技术 ……………………………………… 80

第五章 数据挖掘与数据分析技术 …………………………………… 86

第一节 数据挖掘技术 ……………………………………………… 86
第二节 数据分析技术 ……………………………………………… 96

第六章 数据安全与隐私保护技术 …………………………………… 109

第一节 数据安全与隐私保护概述 ………………………………… 109
第二节 数据加密与解密技术 ……………………………………… 113
第三节 数据访问控制与授权技术 ………………………………… 121
第四节 数据脱敏与匿名化技术 …………………………………… 126

第七章 数据采集与处理技术的应用领域 …………………………… 133

第一节 数据采集与处理技术在金融领域的应用 ………………… 133
第二节 数据采集与处理技术在医疗领域的应用 ………………… 141
第三节 数据采集与处理技术在环保领域的应用 ………………… 144
第四节 数据采集与处理技术在电子商务领域的应用 …………… 147

第八章 数据采集与处理技术的挑战与发展趋势 …………………… 154

第一节 数据采集与处理技术面临的挑战与应对策略 …………… 154
第二节 数据采集与处理技术的发展趋势 ………………………… 162

参考文献 ……………………………………………………………… 169

第一章 数据采集概述

在当今信息化社会，数据已成为驱动各行各业发展的关键要素。数据采集，作为数据生命周期管理的起始环节，扮演着至关重要的角色。它不仅是连接物理世界与数字世界的桥梁，更是挖掘数据价值、推动决策智能化的基石。本章将对数据采集的基础知识进行分析。

第一节 数据采集的发展历史

一、手工数据采集

数据采集的历史可以追溯到古代，人类最早的数据记录方式之一便是在绳子上打结，用以计数或记录重要事件。这种原始的数据记录方式虽简陋，却标志着数据采集意识的萌芽。进入文明社会后，随着文字和书写工具的发明，数据采集的形式逐渐丰富，包括使用纸质表格、文件和调查问卷等手段。在西汉时期，中国便开展了首次人口普查，这是早期人工数据采集的典范。这一阶段的数据采集主要依赖人工手动进行，费时费力且容易出错，但在计算机技术尚未诞生的背景下，它是唯一可行的选择。

手工数据采集不仅限于人口统计，还广泛应用于商业、农业、天文学等多个领域。例如，商人通过手工记录交易数据来管理库存和财务；农民通过观察天气和作物生长情况来制订种植计划；天文学家则通过手工绘制星图和记录天文现象来探索宇宙的奥秘。尽管这些方法相对原始，但它们为后来的数据采集技术奠定了坚实的基础。

二、自动化数据采集

19世纪末，随着计算机技术的诞生和发展，自动化数据采集成为可能。1887年，美国统计学家霍尔曼·霍尔瑞斯（Herman Hollerith）发明了一台电动机器，能够读取卡片上的洞数，极大地提高了人口普查的效率。这一发明标志着数据采集技术从手工向自动化的转变。进入20世纪，随着电子设备、传感器和网络通信技术的引入，大量数据可以被自动地收集并传输到中央数据库中。

自动化数据采集技术在各个行业得到了广泛应用。在制造业中，传感器被用于监测生产过程中的各种参数，如温度、压力、流量等，以确保产品质量和生产安全。在商业领域，自动化柜台系统能够快速准确地记录交易数据，为企业提供了宝贵的商业情报。此外，随着互联网的兴起，网络爬虫技术成为互联网数据采集的主要方式之一。网络爬虫通过自动下载网页并根据一定的规则提取所需信息，为搜索引擎、数据分析等领域提供了丰富的数据源。

自动化数据采集技术的出现不仅提高了数据采集的效率和准确性，还极大地拓展了数据采集的范围和深度。然而，随着数据量的爆炸式增长，如何高效地存储、处理和分析这些数据成为新的挑战。

三、智能化数据采集与大数据时代

进入21世纪，随着人工智能和机器学习的快速发展，智能化数据采集成为趋势。智能化数据采集利用自然语言处理、图像识别和模式识别等技术来处理复杂的数据源，实现了对非结构化数据的自动提取和理解。例如，在社交媒体平台上，智能化数据采集技术能够分析用户生成的文字、图片和视频等信息，以了解用户需求和市场趋势。

与此同时，大数据技术的兴起为数据采集带来了革命性的变化。大数据技术能够处理和分析海量数据，挖掘出其中的隐藏价值和规律。在数据采集方面，大数据技术使得数据的采集、存储、处理和分析更加高效和智能化。例如，在物联网领域，传感器网络能够实时采集各种设备的数据，并通过大数据技术进行分析和预测，以实现设备的智能运维和优化管理。

智能化数据采集和大数据技术的应用不仅提高了数据采集的效率和准确性，还推动了各个行业的数字化转型和创新发展。在金融领域，智能化数据采集技术被用于风险评估、欺诈检测和智能投顾等方面；在医疗领域，大数据技术被用于疾病预测、个性化治疗和医疗资源配置等方面；在智慧城市建设中，智能化数据采集和大数据技术被用于交通管理、环境监测和公共安全等领域。

然而，随着数据采集技术的快速发展，数据隐私和安全问题也日益凸显。政策法规的出台和数据保护措施的加强成为数据采集过程中隐私保护和保障安全性的重要手段。未来，随着技术的不断进步和需求的持续增长，数据采集技术将继续向更高效、更智能化和更安全的方向发展。

第二节　数据采集的概念与任务

一、数据采集的概念

数据采集是指从各种数据来源中收集数据，包括结构化数据（如数据库、CSV 文件、API 数据等）和非结构化数据（如文本、图像、音频、视频等）。[①] 这一环节在现代信息技术、数据分析、科学研究以及企业管理中扮演着至关重要的角色。

从广义上讲，数据采集涵盖了从简单的手工记录到复杂的自动化、智能化收集系统的各个方面。它不仅仅局限于数字或文本信息，还包括图像、音频、视频等多种数据类型。在数据采集过程中，人们通常会使用各种传感器、测量设备、调查问卷、网络爬虫等技术和手段，以获取准确、全面且有价值的数据。

数据采集的准确性和完整性对于后续的数据分析和决策制定至关重要。因此，在进行数据采集时，人们需要确保数据的来源可靠、采集方法科学，并对采集到的数据进行严格的质量控制和校验。同时，随着大数据时代的到来，数据采集的规模、速度和复杂性都在不断增加，对数据采集技术提出了更高的要求。

此外，数据采集还面临着数据隐私和安全等方面的挑战。在采集过程中，人们必须遵守相关法律法规，尊重个人隐私和数据权益，确保数据的安全性和保密性。

[①] 薛达，韦艳宜，伏达，等. 一本书读懂 AIGC：探索 AI 商业化新时代 [M]. 北京：机械工业出版社，2024：28.

二、数据采集的任务

数据是完成目标检测模型训练的基础，稳健的数据对模型性能有着重要的影响。[①] 数据采集的任务具体如下。

（一）确定采集目标与制订计划

数据采集的首要任务是明确采集的目标。不同领域、不同项目的数据采集需求各不相同，因此，准确界定所需数据类型、范围和精度是开展工作的前提。例如，在市场营销领域，企业可能希望收集关于消费者行为、偏好及市场趋势的数据；而在医疗健康领域，则可能侧重于病患的生理指标、病史记录以及新药研发的相关数据。

明确了采集目标后，接下来需要制订详细的采集计划。这一步骤涉及对采集方法的选择，如问卷调查、传感器监测、网络爬虫等，以及确定采集的时间表、频率和持续周期。此外，计划还应包含数据质量的控制机制，比如设置校验规则、异常值处理策略等，以确保收集到的数据既全面又准确。同时，考虑到数据隐私与合规性，计划中还需包含数据保护条款，确保采集过程遵循相关法律法规，尊重个人或组织的隐私权。

在实施计划前，进行必要的预调研和可行性分析也是关键。这包括评估数据源的可获取性、技术实现的难易程度以及成本预算等。通过这些前期准备，企业可以有效规避潜在风险，提高数据采集效率。

（二）构建高效数据采集系统与技术选型

数据采集任务的顺利实施，离不开高效的数据采集系统与技术选型。这一环节要求根据既定的采集目标与需求，设计合理的采集架构，选择最适合的技术工具。数据采集系统通常包括数据源识别、数据采集策略制定、采集工具配置与部署等多个方面。例如，对于实时性要求高的应用场景，如金融交易监控，可能需要采用流式处理技术，如 Apache Kafka 或 Spark Streaming，以实现数据的即时捕获与处理。

在技术选型时，还需考虑系统的可扩展性、稳定性与兼容性。随着数据量的增长与业务需求的变化，系统应能灵活调整采集策略，支持更多数据源接入，同时保持高效稳定运行。此外，不同行业与场景对数据格式、传输协议等

[①] 徐国艳，刘聪琳. Python 深度学习及智能车竞赛实践［M］. 北京：机械工业出版社，2024：271.

有不同的要求，因此技术选型还需兼顾这些特定需求，确保数据的准确采集与高效传输。构建高效数据采集系统的过程，是对技术深度理解与应用能力的一次全面考验，也是保证数据采集任务高效执行的关键所在。

（三）实施数据采集与质量控制策略

数据采集的实际执行阶段，是任务落地的核心环节。在这一过程中，需依据前期制定的采集策略与技术方案，具体实施数据的抓取、传输与存储。数据采集的方法多样，包括应用程序接口调用、网络爬虫、传感器数据读取等，每种方法都有其适用场景与操作要点。例如，使用网络爬虫采集网页数据时，需考虑爬取频率、反爬虫机制应对、数据清洗等问题，以确保数据的完整性与准确性。

质量控制是数据采集不可忽视的一环。数据错误、缺失、重复等问题直接影响后续分析结果的可靠性。因此，实施阶段需建立严格的质量控制机制，包括数据校验规则设定、异常值检测与处理、数据一致性验证等。同时，应定期评估采集效率与质量，及时调整采集策略，优化系统性能。此外，对于敏感数据的采集，还需采取加密传输、匿名化处理等措施，确保数据安全合规。通过这一系列的质量控制策略，数据采集任务得以在保证质量与效率的前提下顺利完成。

（四）持续优化与迭代数据采集流程

数据采集并非一次性的任务，而是一个持续优化与迭代的过程。随着业务的发展、技术的进步以及外部环境的变化，原有的采集策略与系统可能逐渐显现不足。因此，定期回顾采集流程，分析数据质量、采集效率与系统稳定性等指标，识别存在的问题与瓶颈，成为数据采集任务中不可或缺的一环。

优化与迭代工作可能涉及多个方面，如升级采集工具、优化算法参数、引入新技术以提升采集效率与精度；调整数据采集频率与粒度，以更好地满足业务需求；加强数据治理，提升数据质量与管理水平。此外，还需关注用户反馈与业务需求的变化，灵活调整采集策略，确保数据采集始终与业务目标保持同步。这一持续优化与迭代的过程，不仅提升了数据采集的效率与质量，也为数据的深度应用与价值挖掘奠定了坚实基础。

第三节　数据采集的类型与重要性

一、数据采集的类型

数据采集又称数据获取。[①] 数据采集的类型具体如下。

（一）按数据生成方式划分

在数据采集的广阔领域中，根据数据的生成方式，可以将其划分为主动采集与被动采集两大类。这两类采集方式不仅反映了数据获取的不同策略，也深刻影响着数据的时效性和质量。

1. 主动采集

这是一种积极主动的数据获取策略，通常由数据需求方发起，通过特定的技术手段直接从数据源提取信息。例如，企业可能通过应用程序接口（Application Programming Interface，API）定期从第三方服务提供商那里获取市场数据，或者利用爬虫技术从公开网站上抓取行业资讯。主动采集的优势在于能够按需定制数据内容，确保数据的时效性和针对性。然而，它也对技术能力和合规性提出了较高要求。API 接口的使用需遵循严格的数据访问协议，而爬虫技术则可能面临反爬虫机制的挑战，以及潜在的法律和道德风险。

2. 被动采集

与主动采集相反，被动采集依赖于数据源的自发提供，通常通过预设的数据接收渠道（如日志文件、数据库触发器等）自动捕获数据。例如，电商平台通过用户行为日志记录消费者的购物习惯，或金融机构利用交易系统实时捕获交易数据。被动采集的优势在于能够连续、不间断地收集数据，为大数据分析提供了丰富的素材。然而，它也带来了数据冗余、噪声干扰等问题，需要后续的数据清洗和预处理工作。此外，被动采集的数据质量和完整性高度依赖于数据源的可靠性和稳定性。

（二）按数据属性划分

从数据的属性出发，数据采集可以进一步细分为结构化数据采集和非结构

[①] 丁艳. 人工智能基础与应用［M］. 2 版. 北京：机械工业出版社，2024：25.

化数据采集,这一分类直接关联到数据处理和分析的复杂性。

1. 结构化数据采集

结构化数据是指具有明确格式和预定义字段的数据,如数据库中的表格信息。这类数据的采集通常较为直接,可以通过 SQL 查询、API 调用等方式高效获取。结构化数据的优势在于易于存储、检索和分析,适合进行复杂的统计分析和数据挖掘。然而,结构化数据的局限性在于其信息的封闭性,难以全面反映现实世界的复杂性和多样性。

2. 非结构化数据采集

非结构化数据则包括文本、图像、音频、视频等多种形式的信息,它们没有固定的格式和预定义的结构。非结构化数据的采集相对复杂,需要利用自然语言处理、图像识别、语音识别等先进技术进行解析和提取。尽管非结构化数据的处理和分析难度较大,但它们蕴含了丰富的语义信息和上下文情境,对于理解用户行为、洞察市场趋势等具有不可替代的作用。非结构化数据采集的挑战在于技术门槛高、数据量大且多样化,以及如何有效整合和利用这些多模态数据。

(三) 按采集场景划分

根据数据采集的具体场景,还可以将其划分为实时监控数据采集与批量采集两类,这一分类有助于理解数据采集在不同应用场景下的需求差异。

1. 实时监控数据采集

实时监控数据采集强调数据的即时性和动态性,通常用于需要快速响应的场景,如金融交易监控、网络安全防护等。实时监控数据采集依赖于高效的数据传输和处理机制,确保数据能够在第一时间被捕获并分析。实时监控数据采集的优势在于能够及时发现并应对潜在风险,但也对系统的稳定性和实时处理能力提出了严格要求。

2. 批量采集

批量采集则侧重于数据的积累和历史分析,适用于周期性或长期的数据收集任务,如市场调研、用户行为分析等。批量采集的数据量通常较大,采集过程可能需要跨多个数据源进行,且数据的整合和清洗工作较为繁重。尽管批量采集在时效性上不如实时监控数据采集,但它提供了更全面的历史数据视角,有助于揭示数据背后的长期趋势和规律。

(四) 按采集主体划分

在数据采集的广阔领域中,依据采集主体的不同,可以将其划分为自主采集与第三方采集两大类。这两类采集方式不仅反映了数据获取的不同主体,也深刻影响着数据的可控性和成本效益。

1. 自主采集

自主采集是指由数据需求方直接负责数据的收集、处理和分析工作。这种采集方式下,数据需求方拥有对数据采集过程的完全控制权,可以根据实际需求定制采集策略,确保数据的准确性和时效性。例如,电商平台通过部署在服务器上的日志系统自主采集用户行为数据,用于优化推荐算法和提升用户体验。自主采集的优势在于数据可控性强,能够满足特定业务需求,但也需要投入大量的人力、物力和财力进行数据采集系统的建设和维护。此外,随着数据量的增加和采集难度的提升,自主采集还可能面临技术瓶颈和合规性挑战。

2. 第三方采集

第三方采集则是指由专业的数据采集服务提供商负责数据的收集和处理工作,数据需求方通过购买或订阅服务获取所需数据。这种采集方式下,数据需求方无需自建数据采集系统,可以节省大量成本和时间。例如,市场调研机构通过专业的爬虫技术从网络上采集行业资讯和竞争对手信息,为企业提供市场分析报告。第三方采集的优势在于成本效益高,能够快速获取大量数据,但也可能存在数据质量不稳定、数据隐私泄露等风险。因此,在选择第三方采集服务时,数据需求方需要谨慎评估服务商的信誉、技术实力和数据安全措施。

(五) 按数据用途划分

根据数据采集的具体用途,可以将其进一步划分为科研数据采集与商业数据采集两大类。这两类采集方式不仅体现了数据应用的不同领域,也深刻影响着数据的采集方法和处理要求。

1. 科研数据采集

科研数据采集是指为了科学研究目的而进行的数据收集工作。这类数据采集通常具有高度的专业性和针对性,需要遵循严格的科研方法和伦理规范。例如,生物医学研究中的基因测序数据、环境监测中的空气质量数据等,都属于科研数据采集的范畴。科研数据采集的优势在于能够获取高质量、高精度的数据,为科学研究提供有力支持。然而,科研数据采集也面临着数据获取难度大、成本高昂、数据隐私保护等挑战。为了确保数据的准确性和可靠性,科研数据采集通常需要采用先进的技术手段和严格的质量控制措施。

2. 商业数据采集

商业数据采集则是指为了商业目的而进行的数据收集工作。这类数据采集通常具有广泛的应用领域和市场需求,如市场营销、客户关系管理、风险管理等。商业数据采集的优势在于能够为企业提供及时、准确的市场信息和客户洞察，帮助企业作出更明智的商业决策。然而，商业数据采集也面临着数据冗余、噪声干扰、数据隐私泄露等风险。为了应对这些挑战，企业需要建立完善的数据采集、处理和分析体系，确保数据的准确性和安全性。同时，企业还需要关注数据隐私保护和合规性问题，避免触犯相关法律法规和道德规范。

二、数据采集的重要性

数据采集是数据分析中的重要一环。① 如今，数据的影响力正逐渐变大，它影响着企业工作战略的制定，虽然现在企业可能并没有意识到网络信息数据采集的不到位给自身工作带来的问题和隐患，但是随着时间的推移，人们将越来越意识到数据采集对企业的重要性。②

（一）数据采集对于业务决策精准性的提升

在现代企业运营中，数据采集扮演着举足轻重的角色，对于业务决策的精准性有着不可估量的价值。通过对市场趋势、消费者行为、产品性能等多维度数据的细致采集，企业能够建立起一个全面而深入的信息网络，为管理层的决策过程提供坚实的数据支撑。

市场瞬息万变，企业要想在激烈的竞争中保持领先地位，就必须时刻洞悉市场的最新动态。数据采集能够帮助企业捕捉到市场的微妙变化，无论是消费者偏好的迁移，还是竞争对手的策略调整，都能通过数据分析得以呈现。基于这些实时数据，企业可以迅速调整自身的市场策略，确保产品和服务的定位始终符合市场需求，从而在竞争中占据先机。

在消费者行为分析方面，数据采集同样发挥着关键作用。通过收集和分析消费者的购买记录、浏览行为、反馈意见等数据，企业能够深入挖掘消费者的潜在需求和偏好，进而定制化地推出产品和服务。这种以数据驱动的个性化营销策略，不仅能够提升消费者的满意度和忠诚度，还能有效促进销售额的增长。此外，通过数据分析，企业还能发现潜在的市场细分，为产品线的拓展和差异化竞争提供有力支持。

产品性能的优化是提升企业核心竞争力的另一大关键。数据采集使得企业能够对产品的使用情况进行实时监测和评估，包括用户的使用频率、功能使用

---

① 王刚. 大数据管理与应用［M］. 北京：机械工业出版社，2024：87.
② 黄金凤. 大数据分析与应用实战［M］. 上海：同济大学出版社；大连：东软电子出版社，2023：124.

偏好、故障反馈等。这些数据为产品的迭代升级提供了宝贵的参考信息。企业可以根据数据分析结果，对产品的功能进行改进，提升用户体验；同时，针对用户反馈的热点问题，及时进行修复和优化，确保产品的稳定性和可靠性。这种基于数据的产品优化策略，能够显著提升产品的市场竞争力。

数据采集在风险管理方面同样具有重要意义。通过对历史数据和实时数据的综合分析，企业能够识别出潜在的经营风险和市场风险，提前制定应对策略。例如，通过对销售数据的监控，企业可以预测出未来可能出现的销售波动，从而提前调整库存和生产计划，避免库存积压或供不应求的情况发生。在财务风险管理方面，数据采集也能够帮助企业识别出潜在的财务风险点，为企业的稳健运营提供有力保障。

（二）数据采集推动技术创新与升级

在当今这个快速发展的时代，技术创新是推动企业持续发展的重要动力。而数据采集作为技术创新的基础，其重要性不言而喻。通过全面、深入地采集各种类型的数据，企业能够洞察技术发展的最新趋势，为技术创新提供丰富的素材和灵感。

在技术研发过程中，数据采集能够帮助企业准确评估技术的可行性和市场需求。通过对目标用户的数据分析，企业可以了解用户对于新技术的接受程度和潜在需求，从而指导技术研发的方向和重点。这种以用户为中心的技术研发策略，能够确保新技术的实用性和市场价值，提升企业的技术创新能力。

数据采集在技术创新成果的应用和推广方面的作用也不容忽视。通过对用户数据的实时监测和分析，企业能够及时发现新技术在应用过程中出现的问题和瓶颈，从而进行针对性的优化和改进。这种基于数据的反馈机制，能够加速新技术的成熟和完善，推动其在更广泛的领域得到应用和推广。

数据采集还能够促进不同领域技术的融合与创新。在数据驱动的时代，各行各业的数据都在不断汇聚和交叉，为企业提供了丰富的跨界创新机会。通过对跨领域数据的采集和分析，企业可以发现不同技术之间的潜在联系和协同效应，从而探索出全新的技术应用模式和商业模式。这种跨领域的创新融合，不仅能够提升企业的综合竞争力，还能为整个社会的科技进步作出重要贡献。

（三）数据采集助力企业数字化转型

数字化转型是当前企业发展的必然趋势，而数据采集则是数字化转型过程中不可或缺的一环。通过全面采集企业运营过程中的各类数据，企业能够建立起一个数字化的运营体系，为企业的数字化转型提供有力支撑。

在数字化转型的初期阶段，数据采集能够帮助企业梳理和优化业务流程。通过对业务流程中的各个环节进行数据采集和分析，企业能够发现其中存在的瓶颈和问题，从而进行针对性的优化和改进。这种基于数据的业务流程优化，能够显著提升企业的运营效率和服务质量，为数字化转型奠定坚实基础。

在数字化转型的深入推进过程中，数据采集同样发挥着重要作用。通过对大量数据的实时监测和分析，企业能够实现对运营状态的精准掌控和动态调整。这种实时的数据反馈机制，使得企业能够迅速响应市场变化和用户需求的变化，保持业务的灵活性和竞争力。同时，通过数据分析，企业还能够发现新的业务增长点和盈利模式，为数字化转型的持续深化提供源源不断的动力。

此外，数据采集还能够促进企业内部各部门之间的协同与融合。在数字化转型的过程中，企业各部门之间的信息共享和协同工作变得尤为重要。通过数据采集和分析，企业能够打破部门之间的信息壁垒，实现数据的共享和流通。这种基于数据的协同机制，能够提升企业内部的工作效率和凝聚力，为数字化转型的成功实施提供有力保障。

（四）数据采集提升客户服务质量

在市场竞争日益激烈的今天，客户服务质量已经成为企业赢得客户信任和忠诚的关键因素之一。而数据采集作为提升客户服务质量的重要手段，其重要性日益凸显。通过全面采集和分析客户数据，企业能够深入了解客户的需求和偏好，从而提供更加精准和个性化的服务。

在客户服务过程中，数据采集能够帮助企业准确识别客户的需求和问题。通过对客户的行为数据、反馈数据等进行分析，企业可以及时发现客户在使用产品或服务过程中遇到的问题和困扰，从而迅速采取措施进行解决。这种基于数据的客户服务策略，能够显著提升客户的满意度和忠诚度，增强企业的市场竞争力。

在个性化服务方面，数据采集能够帮助企业了解客户的个性化需求和偏好，从而定制化地提供产品和服务。例如，根据客户的购买历史和浏览行为，企业可以为其推荐符合其兴趣和需求的产品或服务；同时，针对客户的特定需求，企业还可以提供定制化的解决方案和服务。这种个性化的服务体验，能够增强客户的归属感和忠诚度，促进企业与客户的长期合作。

数据采集还能够帮助企业建立起一个完善的客户服务体系。通过对客户数据的实时监测和分析，企业能够及时发现客户服务过程中存在的问题和瓶颈，从而进行针对性的优化和改进。例如，通过对客户服务满意度的调查和分析，企业可以了解客户对于服务的期望和诉求，从而不断提升服务质量和水平。同时，通过数据分析，企业还能够发现潜在的客户群体和市场机会，为企业的市场拓展和客户服务创新提供有力支持。

(五) 数据采集可以优化供应链管理

数据采集作为供应链管理优化的基石，通过实时、准确的数据收集与分析，为供应链各环节的优化提供了强有力的支持。

在库存管理方面，数据采集实现了库存水平的实时监控与预测。通过对销售数据、生产数据、物流数据等多维度数据的综合分析，企业能够准确预测未来一段时间内的库存需求，从而制订科学的库存计划。这种基于数据的库存管理策略，有效避免了库存积压和缺货现象的发生，降低了库存成本，提高了库存周转率。同时，数据采集还能帮助企业及时发现库存中的滞销品和过期品，及时进行处理，避免库存损失。

在供应商管理方面，数据采集促进了供应商评估与选择的精准性。通过对供应商的历史数据、交货数据、质量数据等进行全面采集与分析，企业能够客观评价供应商的绩效，识别出优质供应商和潜在风险供应商。这种基于数据的供应商评估体系，有助于企业建立稳定的供应商关系，降低采购风险，提高供应链的稳定性和可靠性。同时，数据采集还能帮助企业实现与供应商的协同作业，提高供应链的整体响应速度。

在物流配送方面，数据采集优化了物流路径与配送效率。通过对物流数据的实时监测与分析，企业能够掌握货物的运输状态、位置信息以及预计到达时间等关键信息，从而制订最优的物流路径和配送计划。这种基于数据的物流配送策略，有效降低了物流成本，缩短了配送时间，提高了客户满意度。此外，数据采集还能帮助企业及时发现物流配送过程中的异常情况，如延误、丢失等，及时进行处理，确保物流顺畅。

在供应链风险管理方面，数据采集提供了风险预警与应对策略。通过对供应链各环节数据的实时监测与分析，企业能够及时发现潜在的风险因素，如供应商破产、自然灾害等，从而提前制定应对策略，降低风险损失。同时，数据采集还能帮助企业评估不同风险因素的影响程度和概率，为供应链的稳健运营提供有力保障。

(六) 数据采集促进市场营销策略的制定

数据采集作为市场营销策略制定的基础，通过深入挖掘和分析市场数据、消费者数据以及竞争对手数据，为市场营销策略的精准制定提供了有力支持。

在市场细分与目标市场选择方面，数据采集帮助企业识别出具有相似需求和偏好的消费者群体，即市场细分。通过对各细分市场的规模、增长潜力、竞争状况等数据的综合分析，企业能够选择出最具吸引力的目标市场，从而制定出针对性的市场营销策略。这种基于数据的市场细分与目标市场选择策略，有助于企业提高市场营销的效率和效果。

在产品定位与差异化策略制定方面，数据采集帮助企业了解消费者对产品的期望和诉求，以及竞争对手的产品特点和优势。通过对这些数据的深入分析，企业能够明确自身产品的差异化特点，制定出符合市场需求和消费者偏好的产品定位策略。同时，数据采集还能帮助企业发现潜在的产品创新点和市场机会，为产品的持续优化和升级提供有力支持。

在营销渠道选择与优化方面，数据采集帮助企业评估不同营销渠道的投入产出比和效果。通过对各营销渠道的数据进行实时监测与分析，企业能够发现最具效果的营销渠道和最具潜力的新渠道，从而优化营销资源配置，提高营销效率。此外，数据采集还能帮助企业实现营销渠道的协同作业，提高整体营销效果。

在营销活动效果评估与优化方面，数据采集提供了客观、准确的评估依据。通过对营销活动数据的实时监测与分析，企业能够准确评估营销活动的效果，包括销售额、市场份额、客户满意度等关键指标。这种基于数据的营销活动效果评估体系，有助于企业及时发现营销活动中的问题与不足，从而进行针对性的优化和改进。

第四节　数据采集的基本流程

一、明确采集目标与需求

数据采集是通过各种手段和技术收集特定领域的数据信息的过程。[①] 明确采集目标与需求是整个数据收集流程的基础，直接关系到后续步骤的方向与效率。企业、研究机构或个人在进行数据采集前，必须对自身所需信息的性质、范围、用途有清晰的认识。例如，市场营销部门可能希望通过采集消费者行为数据来优化产品推广策略，这就要求他们明确哪些消费者行为指标最为关键，

---

① Python 进阶者. Python 自动化高效办公超入门 [M]. 北京：机械工业出版社，2023：130.

如购买频率、偏好变化、社交媒体互动等。

在明确采集目标的过程中，还需细致分析数据的预期应用场景。这包括确定数据将如何支持决策制定、模型训练或业务优化。通过对应用场景的深入洞察，可以进一步细化数据需求，比如数据的时间跨度、精度要求以及是否需要实时更新。此外，还需考虑法律法规、隐私保护等合规性问题，确保数据采集活动在合法合规的框架内进行。因此，这一步骤不仅是技术性的规划，也是战略性的思考，它要求主体具备深厚的业务理解力、数据敏感度以及合规意识。

二、数据源识别与选择

明确了采集目标与需求后，接下来便是识别并选择最合适的数据源。数据源的选择直接关系到数据的质量、完整性和可用性，是数据采集成功的关键。数据源可以是多种多样的，包括但不限于企业内部系统、第三方数据提供商、公共数据库、社交媒体平台、物联网设备。

在选择数据源时，主体需综合考虑数据的准确性、时效性、覆盖度以及获取成本。例如，对于零售企业而言，销售数据可能直接来源于销售时点信息系统，而顾客反馈则可能更多依赖于社交媒体监听。同时，评估数据源的可靠性和信誉度至关重要，确保数据的真实性和权威性。此外，随着大数据时代的到来，数据源的多样性日益增加，如何整合不同来源的数据，形成统一、连贯的数据视图，也是此阶段需解决的重要问题。因此，数据源识别与选择是一个综合考量技术可行性、业务需求、成本效益及合规要求的过程。

三、部署数据采集系统

确定了数据源之后，接下来便是部署高效的数据采集系统。这一步骤涉及技术架构的设计与实施，旨在构建一套能够自动、连续地从指定数据源中提取数据的机制。数据采集系统可能包括ETL（Extract-Transform-Load）工具、API接口调用、网络爬虫、数据库连接等多种技术手段。

部署数据采集系统时，需特别注意系统的可扩展性、灵活性和稳定性。随着数据量的增长和需求的变化，系统应能轻松适应新的数据源或数据格式，同时保持高效运行。此外，数据安全性是不可忽视的一环，必须采取适当的数据加密、访问控制等措施，防止数据泄露或被非法访问。系统设计还需兼顾易用性，便于非技术人员进行监控和维护。在部署过程中，还需进行充分的测试，确保系统能够准确无误地采集目标数据，为后续的数据处理分析奠定坚实基础。

四、数据抓取与提取

数据采集系统的部署完成后,便进入了数据抓取与提取的实际操作阶段。这一过程是将系统配置转化为实际数据流的关键步骤,要求精确高效地提取出所需信息。数据抓取通常涉及自动化脚本或工具的使用,它们根据预设的规则和逻辑,从目标数据源中筛选、复制数据。

数据提取不仅要确保数据的完整性,还要关注数据的时效性和准确性。这意味着在数据抓取过程中,必须处理好数据更新频率、数据同步以及异常处理等问题。例如,对于实时性要求高的应用场景,可能需要设计流式数据处理机制,确保数据一经生成即被捕获。同时,面对复杂的数据结构或格式,提取过程中可能需要应用数据解析、格式转换等技术,以标准化数据形式,便于后续处理。此外,数据抓取与提取还应遵循最小必要原则,仅收集完成任务所需的最少量数据,以减轻存储负担并保护用户隐私。

五、数据清洗与预处理

数据抓取与提取完成后,得到的原始数据往往有噪声、缺失值、重复记录等问题,这直接影响了数据的分析效果和决策质量。因此,数据清洗与预处理成为数据采集流程中不可或缺的一环。这一步骤旨在通过一系列技术手段,提升数据质量,使其更适合于后续的分析建模。

数据清洗包括处理缺失值(如填充、删除)、纠正错误值、去除重复记录等。对于缺失值,可以根据数据分布和业务逻辑选择最合适的填充策略,如均值填充、前后项填充或利用机器学习算法预测填充。错误值的纠正则需依据具体领域知识,识别并修正数据中的异常或不合理值。去除重复记录则是保证数据唯一性的重要措施,避免分析结果的偏差。

预处理阶段还可能涉及数据标准化、归一化、离散化等操作,旨在统一数据格式、缩小数值范围差异、将连续变量转换为离散类别等,以适应不同分析模型的需求。此外,数据脱敏也是预处理中不可忽视的一环,特别是在处理敏感信息时,通过加密、替换、泛化等手段保护个人隐私。数据清洗与预处理是数据从原始状态向分析就绪状态转变的关键桥梁,其质量直接决定了数据分析的准确性和有效性。

第二章 传统数据采集方法

数据采集作为信息时代的基石，扮演着至关重要的角色。传统数据采集方法，作为这一领域的早期探索，经历了漫长的发展历程，逐渐形成了包括人工录入、问卷调查、观察以及条形码扫描等多种方式在内的体系。这些方法在各自适用的场景下，发挥了不可替代的作用，为科学研究、企业管理及政府决策提供了宝贵的数据支持。尽管随着技术的进步，自动化数据采集系统逐渐崭露头角，但传统数据采集方法依然在某些特定领域保持其独特价值。本章将对传统数据采集方法进行分析。

第一节 手工数据采集

一、手工数据采集的概念

手工数据采集，作为一种直接由人类参与的信息获取方式，指的是通过人眼观察、手动记录等手段，将所需的数据从原始资料中提取出来。这一过程在人类历史的长河中早已存在，从早期的文书记录到现代的特定场景应用，手工数据采集始终扮演着重要角色。

二、手工数据采集的方法

（一）直接键盘输入

直接键盘输入是最直观、最基本的手工数据采集方式。在这种方式下，数据录入员通过键盘，将观察到的数据或信息直接输入到计算机系统中。这种方法适用于数据量相对较小、结构简单且对数据准确性要求较高的场景。例如，在市场调研中，调查人员可能会通过面对面访谈或电话访问的方式收集数据，随后将数据录入到预先设计好的表格或数据库中。直接键盘输入的优势在于其灵活性和准确性，因为数据录入员可以在输入过程中对数据进行即时校验和修正。然而，这种方式也存在一些局限性，如数据录入速度相对较慢，且容易受到录入员疲劳、注意力分散等因素的影响，导致误码率上升。

（二）纸质表格填写与后续录入

在这种方式下，数据收集者会设计并打印出纸质表格，然后分发给受访者或数据提供者进行填写。填写完成后，再由专门的数据录入员将表格上的数据录入到计算机系统中。这种方法适用于需要面对面收集数据且数据量较大的场景，如人口普查、健康调查等。纸质表格填写的优势在于其直观性和易操作性，受访者可以轻松地理解和填写表格。同时，通过纸质表格的保存和归档，还可以为后续的数据分析和审计提供可靠的依据。然而，这种方式也存在一些挑战，如数据录入过程中的重复劳动和潜在的误差风险。为了降低这些风险，数据录入员需要具备良好的数据校验和质量控制能力。

（三）条码扫描与手工核对

条码扫描是一种结合了手工操作和自动化技术的数据采集方法。在这种方式下，数据收集者会使用条码扫描器读取商品、物品或文档上的条码信息，然后将读取到的数据输入到计算机系统中。为了确保数据的准确性，通常还会结合手工核对的方式对扫描结果进行校验。条码扫描适用于需要快速、准确地识别并采集大量条码信息的场景，如仓储管理、物流追踪等。这种方法的优势在于其高效性和准确性，能够大大减少人工输入的错误和遗漏。同时，通过条码的唯一性和可追踪性，还可以实现数据的精确匹配和追踪。然而，条码扫描也依赖于条码的质量和可读性，如果条码受损或污损，可能会导致扫描失败或错误识别。因此，在使用条码扫描进行数据采集时，需要确保条码的清晰度和可读性。

（四）观察记录与手工整理

观察记录是一种依赖于人类感官和认知能力的手工数据采集方法。在这种方式下，观察者通过直接观察目标对象或现象，记录下所观察到的信息或数据。这些数据可能包括时间、地点、行为、状态等多种类型的信息。观察记录适用于需要深入了解目标对象或现象本质的场景，如动物行为研究、消费者行为分析等。观察记录的优势在于其能够捕捉到那些难以通过自动化手段获取的细节信息，同时也有助于理解目标对象或现象背后的原因和机制。然而，这种方法也面临着一些挑战，如观察者的主观性可能会影响数据的客观性和准确性，以及观察过程中的时间成本和数据收集效率问题。为了克服这些挑战，观察者需要接受专业培训，以确保观察的客观性和准确性；同时，还需要采用标准化的记录格式和流程，以提高数据收集的效率和质量。

（五）问卷调查与手工统计

问卷调查是一种通过设计问卷并向受访者发放来收集数据的手工数据采集方法。在这种方式下，问卷设计者会根据研究目的和需求，制定包含一系列问题和选项的问卷，并通过邮件、电话、面对面访谈等方式将问卷发放给受访者。受访者根据自己的实际情况和认知填写问卷，并将填写好的问卷返回数据收集者。数据收集者随后会对收集到的问卷进行手工统计和分析。问卷调查适用于需要广泛收集公众意见、了解市场需求或评估政策效果等场景。其优势在于能够覆盖大量受访者，收集到多样化的数据和观点；同时，通过问卷设计的标准化和结构化，还可以确保数据的可比性和一致性。然而，问卷调查也面临着一些局限性，如问卷设计的合理性、受访者的配合度和回答的真实性等问题。为了提高问卷调查的质量和效果，问卷设计者需要充分考虑受访者的认知能力和回答习惯，制定清晰、简洁且易于理解的问题；同时，还需要采取有效的激励措施和沟通策略，以提高受访者的参与度和回答的真实性。

（六）手工摘录与整理文献资料

手工摘录与整理文献资料是一种依赖于人工阅读和理解的手工数据采集方法。在这种方式下，研究者会阅读相关的书籍、期刊、报告等文献资料，从中摘录出与研究主题相关的信息或数据，并进行整理和分类。这种方法适用于需要深入研究某一领域或话题，并从大量文献资料中提取关键信息和数据的场景。其优势在于能够深入挖掘文献资料中的隐含信息和深层含义，同时也有助于理解不同文献资料之间的联系和差异。然而，手工摘录与整理文献资料也面临着一些挑战，如文献资料的获取难度、阅读理解的准确性和数据整理的繁琐性等问题。为了克服这些挑战，研究者需要具备良好的文献检索能力和阅读理解能力；同时，还需要采用有效的数据整理和分析方法，以提高数据处理的效率和质量。

三、手工数据采集的应用

（一）手工数据采集在教育领域的应用

在教育领域，手工数据采集发挥着不可或缺的作用。它帮助教育工作者深入了解学生的学习状况、行为模式和反馈意见，进而优化教学策略和提升教育质量。手工数据采集主要通过教师手动记录学生的课堂表现、作业完成情况、考试分数以及日常行为，来获取第一手的教学数据。

具体而言，教师可以通过手工记录的方式，跟踪学生的学习进度和成绩变化。这些数据对于教师评估学生的学习效果、识别潜在的学习障碍以及制订个性化的辅导计划至关重要。此外，手工数据采集还涉及对学生日常行为的观察与记录，如课堂参与度、注意力集中情况以及同伴互动等。这些行为数据有助于教师全面评估学生的综合素质，为综合素质评价提供有力支持。

在教育研究中，手工数据采集同样具有重要地位。研究人员通过设计问卷调查、访谈和观察实验，手动收集和分析相关数据，以探索教育现象、验证教育理论和提出改进建议。例如，研究人员可以手动记录学生参与课外活动的频率和类型，分析这些因素对学生学业成绩的影响。这种手工采集的数据虽然耗时费力，但其准确性和深度往往优于自动化工具，为教育研究提供了宝贵的实证基础。

手工数据采集在教育领域的应用还体现在学校管理和政策制定方面。学校管理层通过手工收集和分析学生的出勤率、违纪记录以及家校沟通情况等数据，可以及时发现并解决学校管理中存在的问题。这些数据有助于管理层制定更加科学合理的规章制度和教学计划，提升学校的整体教育质量和管理水平。同时，政府教育部门也可以通过手工采集的数据，了解不同地区、不同学校的教育资源配置和教学质量差异，为制定教育政策提供有力依据。

（二）手工数据采集在市场调研中的应用

在市场调研领域，手工数据采集同样扮演着重要角色。它帮助企业和组织深入了解目标市场的消费者需求、偏好和行为模式，为产品开发和营销策略制定提供有力支持。手工数据采集主要通过设计问卷、进行访谈和实地观察等方式进行。

市场调研人员通过手工设计问卷，向目标消费者收集关于产品使用体验、满意度、改进建议等方面的数据。这些数据有助于企业了解消费者对产品的真实需求和期望，为产品改进和升级提供方向。同时，问卷数据还可以用于分析消费者的购买决策过程、品牌偏好以及价格敏感度等关键信息，为企业的市场定位和营销策略制定提供依据。

访谈是另一种重要的手工数据采集方式。市场调研人员通过面对面或电话访谈的方式，深入了解消费者的生活方式、消费习惯以及潜在需求。访谈数据具有高度的灵活性和深度，可以帮助企业发现市场中的潜在机会和挑战，为产品创新和市场拓展提供灵感。

实地观察也是手工数据采集的重要手段之一。市场调研人员通过实地走访销售终端、消费者活动场所等，观察消费者的购买行为、产品使用场景以及品牌互动情况。这些数据有助于企业了解消费者的真实使用场景和需求痛点，为产品设计和营销策略提供更加贴近市场的指导。通过手工采集的数据，企业可以更加精准地把握市场动态和消费者需求，为企业的市场竞争和持续发展提供有力保障。

（三）手工数据采集在文化遗产保护中的应用

在文化遗产保护领域，手工数据采集是记录、分析和保存文化遗产信息的关键手段。专家和历史学者可以深入探索文物的历史背景、制作工艺和文化价值，为制定保护措施和传承文化提供科学依据。手工数据采集在此领域的应用，主要体现在对文物实体的直接观测与记录上。

专家通过手工测量、绘图和摄影等方式，详细记录文物的尺寸、形态、材质和表面特征。这些基础数据是理解文物历史和制作工艺的基础，也是后续保护工作不可或缺的参考。例如，对于古代壁画，专家会手工绘制其布局和细节，同时记录壁画的颜料成分、绘制技法等信息，以便在修复时能够尽可能地保持其原貌。

此外，手工数据采集还包括对文物保存环境的监测。专家会定期记录文物存放空间的温湿度、光照强度和空气质量等参数，以评估这些因素对文物保存状态的影响。这些数据有助于制订和调整文物保护方案，确保文物在最佳环境中得到保存。

在文化遗产的研究与传播中，手工数据采集同样发挥着重要作用。专家通过手工整理和分析历史文献、口述历史和民间传说等资料，深入挖掘文化遗产背后的文化内涵和社会价值。这些资料不仅丰富了文化遗产的信息库，也为文化遗产的传承和教育提供了生动素材。通过手工采集的数据和资料，文化遗产得以在保护的同时，更好地融入现代社会，成为连接过去与未来的桥梁。

(四) 手工数据采集在公共卫生监测中的应用

公共卫生监测是保障公众健康、预防疾病和应对突发公共卫生事件的关键环节。手工数据采集在此领域的应用，主要体现在对疾病症状、流行病学调查和公共卫生事件的手工记录和跟踪上。

公共卫生工作者通过手工记录医院、诊所和社区中的疾病症状报告，及时发现和追踪潜在疫情。这些数据对于评估疾病的流行趋势以及制定防控措施至关重要。例如，在流感季节，公共卫生工作者会手工收集和分析流感样病例的报告数据，以评估流感的流行情况和严重程度。

流行病学调查是手工数据采集在公共卫生监测中的另一重要应用。公共卫生专家通过面对面访谈、问卷调查和现场调查等方式，收集病例的接触史、旅行史和暴露史等信息。这些数据有助于确定疾病的传播途径、高风险人群和防控重点，为制定和调整防控策略提供科学依据。

在应对突发公共卫生事件时，手工数据采集同样发挥着关键作用。公共卫生工作者通过手工记录和跟踪事件的发展动态、受影响人群的健康状况和防控措施的落实情况，为事件处置提供实时信息支持。这些数据有助于评估事件的严重程度、预测发展趋势以及制订应急响应计划，确保公共卫生事件的及时、有效应对。

(五) 手工数据采集在社会科学研究中的应用

社会科学研究旨在深入探索社会现象、人类行为和社会变迁的内在规律。在这一过程中，手工数据采集发挥着不可或缺的作用。它帮助研究人员获取第一手的社会现象观察数据、深度访谈资料和实地调查信息，为社会科学研究提供了丰富而详实的实证基础。

在现象观察方面，手工数据采集允许研究人员直接观察社会现象的发生和演变过程。例如，在社会学研究中，研究人员可能会选择某个社区或群体作为观察对象，通过长时间的手工记录，详细描绘该社区或群体的社会结构、人际关系和生活方式。这些观察数据有助于研究人员深入理解社会现象的本质和特征，揭示其背后的社会机制和影响因素。

在深度访谈方面，手工数据采集同样发挥着重要作用。研究人员通过设计访谈提纲，与被访者进行面对面的深入交流，了解他们的个人经历、观点和情感。在访谈过程中，研究人员会手工记录被访者的回答，捕捉其言语中的细节和微妙之处。这些访谈数据有助于研究人员深入挖掘被访者的内心世界，揭示其社会认知和行为模式，为社会科学研究提供丰富的实证素材。

在实地调查方面，手工数据采集也是不可或缺的手段。研究人员通过实地走访、观察和调查，收集关于社会现象、政策实施和社会变迁等方面的第一手数据。这些数据具有高度的真实性和可靠性，能够反映社会现象的真实面貌和实际情况。例如，在公共政策研究中，研究人员可能会通过手工采集的数据，评估某项政策的实施效果和社会影响，为政策优化和改进提供科学依据。手工数据采集在社会科学研究中的应用，不仅丰富了研究方法和手段，也推动了社会科学研究的深入发展。

第二节 传感器数据采集

一、传感器数据采集的相关概念

（一）传感器的概念

传感器通常指能够探测力、温度、光线、声音、化学成分等物理量的装置。[1] 它们是连接物理世界与数字世界的桥梁，广泛应用于工业自动化、环境监测、医疗健康、智能家居、航空航天等多个领域，为现代社会的智能化和自动化提供了不可或缺的技术支持。

传感器是一种检测装置，能感受到被测量的信息，并能将感受到的信息，按一定规律变换成为电信号或其他所需形式的信息输出，以满足信息的传输、处理、存储、显示、记录和控制等要求。这种转换过程通常基于物理效应、化学效应或生物效应，使得传感器能够精准捕捉并响应环境中的各种变化，如温度、压力、光线、声音、磁场、气体浓度等。

传感器的类型繁多，根据转换原理、被测物理量、使用场景等不同维度，可以进行多种分类。

按转换原理分类，传感器可分为电阻式、电容式、电感式、压电式、热电式、光电式、半导体式等。电阻式传感器通过被测物理量引起的电阻值变化来测量，如热敏电阻用于测温。电容式传感器则利用被测物理量导致的电容值变化来工作，常用于位移、厚度等参数的测量。电感式传感器基于电磁感应原

---

[1] 李茂月. 机械零件非接触式测量技术 [M]. 北京：冶金工业出版社，2023：215.

理，适用于金属物体的检测与定位。压电式传感器利用某些材料的压电效应，将机械能转换为电能，广泛应用于压力、加速度的测量。热电式传感器则通过热电效应实现温度测量，如热电偶。光电式传感器利用光电器件的光电效应，将光信号转换为电信号，常用于光照强度、物体形状的检测。半导体式传感器则主要利用半导体材料的特性，如气敏、湿敏传感器等。

按被测物理量分类，传感器可分为温度传感器、压力传感器、位移传感器、加速度传感器、光照传感器、气体传感器等。每种传感器都针对特定的物理量进行优化设计，确保高精度、高灵敏度的测量。

按使用场景分类，传感器又可分为工业传感器、医疗传感器、环境监测传感器、消费电子传感器等。工业传感器如温度传感器、压力传感器，在自动化生产线上发挥着关键作用；医疗传感器如心率传感器、血氧传感器，为医疗健康监测提供了有力支持；环境监测传感器如空气质量传感器、水质传感器，对于保护生态环境至关重要；消费电子传感器则广泛应用于智能手机、可穿戴设备等，提升了用户体验和生活质量。

（二）传感器数据采集的概念

传感器数据采集是指通过传感器这一关键设备，从环境和物体中自动获取物理量和状态信息，并将这些非电量或电量信号转换为数字信号，以便进行后续处理和分析的过程。

传感器作为数据采集的核心组件，其种类繁多，功能各异，能够感知和响应温度、湿度、光照、压力、重力、距离等多种物理量。在数据采集过程中，传感器先捕捉到环境中的这些物理量变化，然后利用内部的转换机制，将这些变化转换为电信号。这些电信号经过进一步的处理，如放大、滤波、模数转换等，最终转换为数字信号，以便计算机或其他数字系统能够识别和处理。

二、传感器网络在数据采集中的实现

传感器可以感知并测量温度、压力、湿度、光线、声音、运动、化学物质等各种参数，将这些信息转化为数字或模拟信号，以供后续处理、控制和决策。[①] 传感器网络在数据采集中的具体实现阐述如下。

（一）传感器节点的部署与数据采集策略

传感器网络在数据采集中的实现，依赖于传感器节点的合理部署。这些节

---

① 田野，张建伟. AI赋能：企业智能化应用实践［M］. 北京：机械工业出版社，2024：36.

点如同网络的触角，需要被精确地放置在监测区域内，以确保数据采集的全面性和准确性。节点的密度和分布对数据采集的质量和效率有着至关重要的影响。过密的部署可能导致数据冗余，增加处理负担；而过疏则可能遗漏关键信息，影响监测效果。因此，在部署过程中，需要综合考虑监测区域的特点、监测目标的需求以及节点的性能等因素，制订最优的部署方案。

数据采集策略是传感器网络实现数据采集的又一关键环节。它决定了哪些节点负责采集数据，以及何时进行采集。常见的采集策略包括基于时间的采集和事件触发的采集。基于时间的采集策略按照预定的时间间隔进行数据采集，适用于需要连续监测的场景。而事件触发的采集策略则根据特定事件的发生来触发数据采集，如温度超过阈值、湿度发生变化等，这种策略能够更有效地利用资源，减少不必要的数据采集。

（二）路由协议的选择与数据压缩技术

在传感器网络中，路由协议的选择对于数据的传输效率和可靠性至关重要。由于传感器节点数量众多，且节点之间的通信受到能量、带宽和距离的限制，选择合适的路由协议可以确保数据能够有效地从传感器节点传输到数据收集中心。常见的路由协议包括基于分簇的路由协议、基于地理位置的路由协议等，这些协议各有特点，需要根据实际应用场景进行选择。

为了降低无线传输的能耗，提高数据传输的效率，传感器网络还采用了数据压缩和聚合技术。传感器节点采集到的数据往往是冗余的和高频率的，通过数据压缩技术可以减少数据量，降低传输能耗。而数据聚合技术则可以将多个节点的数据进行融合处理，提取出有价值的信息，进一步减少数据传输的负担。这些技术的应用，使得传感器网络在数据采集和传输过程中更加高效和节能。

（三）数据采集系统的配置与数据处理分析

传感器网络的数据采集还需要一个高效的数据采集系统来支持。这个系统应该能够支持多个传感器节点的同时连接和同时采集，同时还应支持多种不同的数据格式和传输协议。工业智能网关是数据采集系统中的一个重要组成部分，它通过连接传感器节点，将数据采集后上传到云平台或数据收集中心，实现数据的集中管理和应用。

数据采集只是第一步，对采集到的数据进行处理和分析同样重要。通过对数据的处理和分析，可以得到更多有价值的信息，如生产工艺的瓶颈分析、生产效率的评估等。这些信息对于生产管理者来说至关重要，可以帮助他们及时了解生产的真实情况，进行生产调整和优化。智能传感器在这一过程中发挥着重要作用，它们通常配备有内置微处理器，可以执行复杂的算法，直接在设备内部进行原始信号处理，提高了数据处理的效率和准确性。

传感器网络在数据采集中的实现是一个复杂而精细的过程，需要综合考虑多个因素和技术手段。通过合理的传感器节点部署、高效的数据采集策略、合适的路由协议选择、有效的数据压缩技术、高效的数据采集系统配置以及深入的数据处理分析，传感器网络能够实现对监测区域的全面、准确、高效的数据采集和传输，为各种应用场景提供有力的支持。

三、传感器数据采集的应用

数据采集所用的传感器基阵由多传感信息融合的无线监测节点组成。[1] 传感器数据采集在诸多领域得到了应用。

（一）传感器数据采集在工业生产中的应用

传感器数据采集在工业生产中扮演着至关重要的角色。它们如同工业系统的眼睛和耳朵，实时监测着生产设备的运行状况。在设备监测与维护方面，传感器如加速度传感器、温度传感器和振动传感器等，被广泛应用于生产线上的关键设备。这些传感器能够实时采集设备的振动加速度、温度和运行参数，通过对这些数据的分析，企业可以预测设备的潜在故障，从而提前安排维护工作，有效减少设备停机时间，提高整体生产效率。

在质量控制领域，传感器数据采集系统同样发挥着不可替代的作用。例如，在汽车制造过程中，压力传感器用于检测制动系统的压力是否符合标准，图像传感器则用于监测产品的外观质量。通过传感器采集的数据，企业可以迅速判断产品是否合格，确保每一辆出厂的汽车都符合严格的质量标准。这不仅提升了产品的竞争力，也增强了消费者的信任度。

此外，传感器数据采集在优化生产流程方面也展现出巨大潜力。在化工行业中，压力传感器实时监测反应釜内的压力变化，确保生产过程在安全范围内进行。而在食品加工行业，温度传感器则确保生产环境的温度符合卫生标准，防止食品变质。这些传感器数据的采集和分析，使得企业能够不断调整和优化生产流程，提高产品质量和生产效率。

---

[1] 赵圣麟. 物联网多传感器数据采集系统设计与实现［J］. 通信电源技术，2022，39（17）：36.

（二）传感器数据采集在农业精准化管理中的应用

传感器数据采集技术在农业领域的应用，正引领着农业向精准化、智能化方向发展，极大地提高了农业生产效率和资源利用效率。在农田环境监测方面，土壤湿度传感器、温度传感器和光照传感器等被广泛应用于农田中，实时监测土壤水分含量、温度以及光照强度等关键参数。这些数据为农民提供了精确的农田环境信息，帮助他们根据作物生长需求，合理灌溉、施肥和调节光照，实现作物生长环境的精准控制，提高作物产量和品质。

在作物病虫害监测方面，传感器数据采集技术同样发挥着重要作用。通过部署害虫诱捕器和病害监测传感器，可以实时监测作物病虫害的发生情况。当害虫数量超过预设阈值或病害症状出现时，系统会立即发出警报，并提供详细的病虫害信息，如害虫种类、数量以及病害类型和程度等。农民可以根据这些信息，及时采取防治措施，如喷洒农药、修剪病枝等，有效控制病虫害的扩散，保障作物健康生长。

在智能农机装备方面，传感器数据采集技术也发挥着关键作用。现代农机装备如智能播种机、收割机和无人机等，都配备了各种传感器，如位置传感器、速度传感器和重量传感器等。这些传感器能够实时监测农机的运行状态和工作参数，如播种密度、收割效率和作物重量等。通过数据分析，农民可以了解农机的作业效率和质量，优化农机调度和使用策略，提高农业生产效率。同时，智能农机装备还可以根据作物生长情况和土壤条件，自动调整作业参数，实现精准作业，减少资源浪费和环境污染。

（三）传感器数据采集在文物保护与监测中的应用

传感器数据采集技术在文物保护与监测领域的应用，为文化遗产的保护提供了有力的技术支持。在文物环境监测方面，温湿度传感器、光照传感器和气体传感器等被部署在文物展示厅、库房和遗址等关键区域，实时监测文物保存环境的温湿度、光照强度和有害气体浓度等参数。这些数据为文物保护人员提供了准确的文物保存环境信息，帮助他们根据文物材质和保存需求，合理调节环境参数，确保文物处于最佳保存状态。

在文物安全监测方面，传感器数据采集技术也得到了广泛的应用。通过部署振动传感器、红外传感器和摄像头等设备，相关人员可以实时监测文物的安全状况。当文物遭受非法移动、破坏或盗窃等威胁时，系统会立即触发警报，并将警报信息发送至文物保护部门，确保文物安全得到及时响应。同时，智能摄像头还可以对文物进行全天候监控，记录文物的动态变化，为文物保护和研究提供宝贵资料。

在文物健康监测方面，传感器数据采集技术的作用也很大。通过部署裂缝监测传感器、位移监测传感器和应力监测传感器等，相关人员可以实时监测文物的健康状况。当文物出现裂缝、位移或应力集中等异常情况时，系统会立即发出警报，并提供详细的文物健康信息，如裂缝位置、位移量和应力分布等。文物保护人员可以根据这些信息，及时采取修复和保护措施，防止文物进一步损坏，延长文物的使用寿命。传感器数据采集技术在文物保护与监测领域的应用，不仅提高了文物保护的精准度和效率，也为文化遗产的传承和发展提供了有力保障。

（四）传感器数据采集在智能交通系统中的应用

传感器数据采集技术在智能交通系统中发挥着关键作用，极大地提升了交通管理和出行的效率与安全。在车辆监控与管理方面，通过在车辆上安装 GPS（Global Positioning System）传感器、速度传感器以及加速度传感器，可以实时获取车辆的地理位置、行驶速度和加速度等信息。这些信息被传输至交通管理中心，帮助管理人员实时监控交通流量，优化信号灯控制策略，缓解交通拥堵，提升道路通行能力。同时，对于超速、急刹车等异常驾驶行为，系统也能及时发出警告，有效预防交通事故的发生。

在公共交通领域，传感器数据采集同样至关重要。公交车、地铁等公共交通工具上安装的乘客计数传感器，能够准确统计上下车人数，为运营部门提供实时客流数据。这些数据有助于优化公交线路布局、调整发车间隔，确保运力与需求匹配，减少乘客等待时间，提升公共交通服务质量。此外，智能停车系统中应用的车位占用传感器，能够实时监测停车场的车位使用情况，通过移动应用或电子显示屏向驾驶员提供空闲车位信息，有效缓解停车难问题，提升城市停车效率。

智能交通系统中的传感器数据采集还广泛应用于交通环境监测。空气质量传感器和噪声传感器被部署在关键路段和交通枢纽，实时监测交通排放对空气质量的影响以及交通噪声水平。这些数据不仅为环保部门制定减排政策提供依据，也为城市规划者设计绿色交通方案提供参考，推动构建低碳、环保的城市交通体系。同时，路面状况传感器能够检测道路湿滑、破损等情况，及时通知维护部门进行修复，保障行车安全。

（五）传感器数据采集在智能家居领域的应用

传感器数据采集技术正逐步渗透到智能家居领域，为用户带来更加便捷、舒适和安全的居住体验。在环境控制方面，温湿度传感器、光照传感器和空气质量传感器被广泛应用于智能家居系统。这些传感器能够实时监测室内环境的温湿度、光照强度和空气质量，并根据预设条件自动调节空调、照明和新风系统等设备，确保室内环境始终处于最佳状态，既节能又舒适。

智能家居安全系统同样依赖于传感器数据采集技术。门窗传感器、人体红外传感器和烟雾探测器等设备，能够实时监测家庭安全状况。一旦有入侵者闯入、火灾发生或有害气体泄漏，系统立即触发报警，并将警报信息发送至用户手机，确保家庭安全得到及时响应。此外，智能摄像头结合人脸识别技术，能够识别家庭成员和访客，进一步提升了家庭安全级别。

在能源管理方面，智能家居系统中的智能电表和能源监控传感器能够实时记录家庭能源消耗情况，包括电力、水力和燃气等。这些数据帮助用户了解能源使用习惯，发现潜在的节能空间，通过智能调度和优化使用策略，实现节能减排。例如，根据家庭成员的活动模式和室外天气情况，系统自动调整热水器、洗衣机等家用电器的运行时间，避免在电价高峰时段使用高能耗设备，降低家庭能源成本。

传感器数据采集技术在智能家居领域的应用，不仅提升了居住的舒适性和安全性，也促进了能源的有效利用，推动了绿色、低碳的生活方式。随着技术的不断进步和成本的进一步降低，智能家居将成为未来家庭生活的标配，为人们带来更加智能化、个性化的居住体验。

第三节　自动化数据采集系统

一、自动化数据采集系统概述

（一）自动化数据采集系统的概念

自动化数据采集系统是一种集成了先进技术和方法的综合性系统，旨在高效、准确地收集和处理各类数据。该系统通过自动化手段，能够持续不断地从各种数据源中捕获信息，并将其转化为可用的数据格式，以供后续的分析、处理和应用。

（二）自动化数据采集系统的构成

1. 传感器

传感器是自动化数据采集系统的感知部分，扮演着至关重要的角色。它们负责将各种物理量，如温度、压力、流量等，转换为电信号。这些电信号是后续数据处理的基础，其准确性和稳定性直接决定了整个数据采集系统的性能。在自动化数据采集系统中，传感器种类繁多，可以根据实际需求选择不同类型的传感器来监测和采集所需的数据。例如，温度传感器用于监测设备的温度状态，压力传感器则用于监测流体压力等。传感器不仅广泛应用于工业领域，如制造业、化工等，还在医疗、环保等领域发挥着重要作用。通过传感器，系统能够实时获取各种设备的运行状态，为后续的数据处理和分析提供可靠的数据源。

2. 数据采集器

把条码识读器和具有数据存储、处理、通信传输功能的手持数据终端设备结合在一起，成为条码数据采集器，简称数据采集器或数据终端。[①] 数据采集器是自动化数据采集系统中的关键组件，负责接收传感器输出的电信号，并将其转换为可供后续处理的数字信号。这个过程涉及信号的放大、滤波、模数转换等操作，以确保采集到的数据质量。数据采集器具备多路复用功能，能够同时处理来自多个传感器的信号，从而提高数据采集的效率。在实际应用中，数据采集器通常与传感器紧密配合，通过有线或无线方式将采集到的数据传输到数据处理与分析单元。数据采集器的设计考虑了高可靠性和稳定性，以适应各种复杂环境。同时，数据采集器还具备数据校验和加密功能，以保障数据在传输过程中的安全性和完整性。

3. 数据传输设备

数据传输设备在自动化数据采集系统中扮演着桥梁的角色，负责将数据采集器输出的数字信号传输到数据处理与分析单元。这些设备可以通过有线（如以太网、工业总线）或无线（如 Wi-Fi、4G/5G 等）方式进行数据传输，确保数据的实时性和准确性。在传输过程中，数据传输设备还需要对数据进行加密和校验，以防止数据被非法截获或篡改。随着物联网技术的不断发展，数据传输设备的功能和性能也在不断提升。例如，5G 通信技术的普及使得数据传输的带宽和速度得到显著提升，支持更大规模和更复杂的数据采集任务。同

[①] 隋春荣，刘华卿. 图书馆信息平台的理论基础与技术开发 [M]. 成都：电子科技大学出版社，2017：161.

时，物联网技术的发展也使得数据传输更安全、更可靠。数据传输设备的广泛应用，使得自动化数据采集系统能够实现数据的实时共享和流通，为企业的决策和管理提供了有力支持。

二、自动化数据采集系统在数据采集中的实现

（一）系统架构设计

自动化数据采集系统的实现，其基石在于一个稳固且高效的系统架构设计。这一设计需确保数据从源头到存储、处理、分析的全链条流畅无阻。系统架构通常分为前端采集层、数据传输层、数据处理层和数据存储与分析层。前端采集层负责部署各类传感器、RFID（Radio Frequency Identification）标签阅读器等设备，实时捕捉环境或设备的状态数据。数据传输层则利用有线或无线通信技术，如 Wi-Fi、LoRa、NB-IoT 等，确保数据能够稳定、快速地传输至数据中心。数据处理层对数据进行清洗、校验、格式转换等预处理工作，以提高后续分析的效率与准确性。数据存储与分析层则运用数据库技术存储海量数据，并借助大数据分析工具挖掘数据价值，为决策提供有力支持。

（二）智能算法的应用

智能算法是受人类智能、生物群体社会性或自然规律等启发而产生的一种新型算法。[1] 智能算法是自动化数据采集系统中不可或缺的一环，它们能够显著提升数据处理的效率与质量。在数据采集过程中，算法通过对历史数据的分析学习，自动调整采集频率、优化采样点布局，确保在不影响数据完整性的前提下，最大限度地降低能耗与成本。例如，利用机器学习算法预测设备故障趋势，提前调整采集策略，避免数据丢失。同时，智能算法还能在数据传输阶段实现数据压缩与加密，既减少了带宽占用，又保障了数据安全。在数据处理环节，算法能够自动识别并剔除异常值，对缺失数据进行合理填充，为数据分析提供高质量的数据源。

（三）集成与兼容性考量

在构建自动化数据采集系统时，集成与兼容性是必须重视的方面。系统需能够无缝集成到现有的 IT 基础设施中，包括但不限于企业资源规划系统、制

---

[1] 张瑾. 新编计算机导论 [M]. 北京：机械工业出版社，2024：113.

造执行系统，实现数据的跨系统流动与共享。为实现这一目标，系统应采用标准化的通信协议与数据格式，确保不同设备与软件平台间的互操作性。此外，系统还需具备高度的可扩展性，以适应未来新增数据采集点的需求，以及技术迭代带来的接口变化。这种灵活性确保了系统在长期运行中的持续有效，降低了维护成本与技术风险。

（四）安全与隐私保护

数据安全在传统的信息时代就面临着不少问题，而在数据时代面临的问题则更加多样。[①] 随着数据采集规模的扩大，数据安全与隐私保护成为自动化数据采集系统不可忽视的挑战。系统在设计之初就应将安全机制融入每一层架构，从物理安全、网络安全到数据访问控制，构建全方位的安全防护体系。物理安全涉及数据采集设备的物理防护，防止非法访问与破坏。网络安全则通过防火墙、入侵检测系统等技术手段，抵御外部攻击与恶意软件的侵入。数据访问控制则基于角色与权限管理，确保只有授权用户能够访问敏感数据，同时实施数据加密与匿名化处理，保护个人隐私。通过这些措施，系统能够在确保数据高效流通的同时，有效维护数据的完整性与安全性。

三、自动化数据采集系统的应用

（一）自动化数据采集系统在工业领域的应用

自动化数据采集系统在工业领域的应用，已经成为提升企业生产效率、优化资源配置的关键手段。这一系统通过集成先进的传感器技术、物联网技术和数据分析算法，实现了对工业生产线各个环节的实时监控和数据采集。它不仅极大地提高了数据的准确性和时效性，还为企业提供了科学决策的依据。

在工业自动化与过程控制方面，自动化数据采集系统发挥着不可替代的作用。通过实时监测生产过程中的关键参数，如温度、压力、流量等，系统能够迅速识别生产过程中的异常状况，及时发出预警，从而有效避免生产事故的发生。同时，系统还能根据采集到的数据，对生产流程进行精细化控制，确保产品质量的稳定性和一致性。此外，通过对历史数据的分析和挖掘，系统还能为企业优化生产工艺、提高生产效率提供有力支持。

在工厂数字化与智能化转型的过程中，自动化数据采集系统同样扮演着重

[①] 牛奔，耿爽，王红. 数据科学导论 [M]. 北京：中国经济出版社，2022：207.

要角色。它能够将生产现场的各种数据实时上传至云端或本地数据中心，为企业构建一个全面、准确的生产信息数据库。这一数据库不仅有助于企业实现对生产过程的透明化管理，还能为企业的数字化转型提供坚实的数据基础。通过数据分析，企业可以更加精准地掌握市场需求、优化生产计划、降低运营成本，进而提升整体竞争力。

自动化数据采集系统在生产线数据采集与监控方面的应用，也为企业带来了显著的经济效益。系统能够实时采集生产线上的各种设备数据，包括运行状态、故障信息、能耗情况等，为企业的设备管理和维护提供了有力支持。通过对这些数据的分析，企业可以及时发现设备故障并进行维修，避免生产中断，减少停机时间。同时，系统还能根据设备的运行状况，为企业制订科学的设备维护计划，延长设备使用寿命，降低维护成本。

此外，自动化数据采集系统在设备管理与维护方面也具有独特优势。它能够通过实时监测设备的运行状态和性能参数，及时发现设备存在的潜在故障风险，并为企业提供预警信息。这使得企业能够在设备发生故障之前，提前采取措施进行维修或更换，从而避免生产事故的发生。同时，系统还能根据设备的运行数据，为企业制订科学的设备更新计划，确保生产线的稳定运行。

值得一提的是，自动化数据采集系统还具备高度的可扩展性和灵活性。它能够根据企业的实际需求，进行定制开发，满足企业在数据采集、处理、分析和应用等方面的个性化需求。这一特性使得系统能够广泛应用于各种规模和类型的工业企业中，为企业实现数字化转型提供有力支持。

（二）自动化数据采集系统在智慧城市管理中的应用

自动化数据采集系统在智慧城市管理中扮演着至关重要的角色，其广泛应用显著提升了城市管理效率与服务质量，为城市的可持续发展奠定了坚实基础。通过集成先进的传感器技术、物联网以及大数据分析平台，该系统能够实时、准确地收集城市运行中的各类数据，为决策者提供科学依据，助力构建更加智能、高效的城市管理体系。

在智能交通领域，自动化数据采集系统发挥着关键作用。交通流量监测器、车辆识别摄像头以及路况传感器等设备的部署，能够实时捕捉并分析道路拥堵情况、车辆行驶速度以及行人流量等信息。这些信息经过处理后，不仅可用于动态调整红绿灯时长，优化交通信号控制，缓解城市交通压力，还能为市民提供精准的出行建议，减少通勤时间，提升整体出行效率。

在环境保护方面，该系统同样展现出强大潜力。空气质量监测站、水质检测传感器以及噪声监测设备等，能够全天候不间断地收集环境数据，包括

PM2.5浓度、水质污染指数及噪声水平等关键指标。这些数据经过大数据分析，能够及时发现环境污染源，为环境保护部门制定有效的治理策略提供数据支撑，从而改善城市生态环境，保障居民健康。

智慧能源管理是智慧城市建设的另一重要方面，自动化数据采集系统在这里也发挥着不可或缺的作用。通过安装在电网、变电站以及各类能源消耗点的智能传感器，系统能够实时监测能源供需状况、损耗情况以及可再生能源发电效率等。这些数据有助于实现能源的智能调度和优化配置，促进节能减排，提高能源利用效率，为城市可持续发展注入绿色动力。

此外，在公共安全领域，自动化数据采集系统同样大显身手。视频监控、人脸识别技术以及紧急报警系统的集成，能够实现对城市重点区域和关键设施的全天候监控，及时预警和快速响应各类突发事件，有效保障人民生命财产安全，增强城市的安全防范能力。

自动化数据采集系统还促进了城市服务的个性化与智能化。通过对居民生活习惯、消费偏好等数据的收集与分析，系统能够为用户提供定制化的公共服务信息，如垃圾分类指南、社区活动通知及教育资源推荐等，极大地提升了城市服务的便捷性和满意度。

（三）自动化数据采集系统在农业生产中的应用

自动化数据采集系统在农业生产中的应用日益广泛，它通过集成农业物联网、智能传感器和数据分析技术，实现了对农业生产环境的实时监测和精准管理。这一系统的应用，不仅提高了农业生产的效率和产量，还促进了农业可持续发展。

在农田环境监测与管理方面，通过部署在农田中的温度传感器、湿度传感器、光照强度传感器等设备，系统能够实时采集农田环境数据，包括土壤温度、湿度、pH值、养分含量以及气象信息等。这些数据经过分析处理后，可以为农民提供科学的农田管理建议，帮助他们优化灌溉、施肥等农业生产活动。这不仅提高了农田资源的利用效率，还降低了农业生产成本。

在作物生长监测与预测方面，自动化数据采集系统同样发挥着关键作用。通过集成在作物生长过程中的各种检测设备和数据分析技术，系统能够实时采集作物的生长数据，包括株高、叶面积、果实大小等。这些数据经过处理和分析后，可以为农民提供准确的作物生长状况评估报告和预测信息。这不仅有助于农民及时发现并处理作物生长过程中的问题，还为制定科学的种植计划和收获策略提供了有力支持。

在农产品质量追溯与安全管理方面，自动化数据采集系统的应用也具有重要意义。通过集成在农产品生产、加工、运输等各个环节的传感器和数据分析技术，系统能够实时采集农产品的质量数据和安全信息。这些数据经过处理和分析后，可以为农产品质量追溯系统提供准确、全面的数据支持。这不仅有助于保障农产品的质量和安全，还为消费者提供了透明的产品信息，增强了消费者对农产品的信任度。同时，系统还能根据农产品的质量数据和安全信息，为农产品生产企业提供改进建议和管理措施，促进农产品的持续改进和优化。

（四）自动化数据采集系统在能源管理中的应用

在能源管理领域，自动化数据采集系统发挥着至关重要的作用。这些系统通过实时监测和分析能源消耗情况，为能源的高效利用和优化配置提供了强有力的支持。

自动化数据采集系统在能源管理中，能够实时追踪和记录各种能源的消耗数据。无论是电力、燃气还是其他形式的能源，这些系统都能精确地捕捉到每一时刻的消耗情况。这种实时的数据收集，使得能源管理者能够迅速掌握能源消耗的动态变化，从而及时发现能源浪费或异常消耗的现象。通过对这些数据的深入分析，管理者可以制定更为精准的节能减排措施，有效降低能源消耗，提高能源利用效率。

此外，自动化数据采集系统还能够帮助能源管理者优化能源分配。在大型能源网络中，不同区域、不同设备的能源消耗需求各不相同。通过实时采集和分析这些数据，系统能够自动调整能源供应，确保每个区域或设备都能获得适量的能源供应，避免能源浪费和短缺现象的发生。这种智能化的能源分配方式，不仅提高了能源利用效率，还降低了能源管理成本，为企业的可持续发展提供了有力保障。

在智能电网的建设和运营中，自动化数据采集系统同样发挥着不可或缺的作用。智能电网需要实时掌握电力供应和需求的变化情况，以确保电网的稳定运行。自动化数据采集系统能够实时监测电力负荷、电压、电流等关键参数，为智能电网提供准确、可靠的数据支持。通过这些数据，智能电网可以自动调整电力供应策略，平衡供需关系，确保电网的安全稳定运行。同时，这些数据还可以为电力调度和故障排查提供重要参考，进一步提高智能电网的可靠性和效率。

在可再生能源的管理和利用方面，自动化数据采集系统也发挥着重要作用。可再生能源如风能、太阳能等具有间歇性和不确定性，其发电量和稳定性受到多种因素的影响。通过实时采集和分析这些数据，能源管理者可以更好地了解可再生能源的发电情况，制定合理的发电计划和调度策略。这不仅有助于提高可再生能源的利用率，还可以降低对传统能源的依赖，推动能源结构的优化和转型。

（五）自动化数据采集系统在物流行业的应用

在物流行业中，自动化数据采集系统的应用同样广泛而深入。这些系统通过实时监测和追踪货物的位置和状态，为物流企业的运营管理和决策提供了重要支持。

自动化数据采集系统在物流行业中能够显著提升货物的追踪和监控能力。在传统的物流管理中，货物的追踪和监控往往依赖于人工操作和纸质记录，这种方式不仅效率低下，还容易出错。而自动化数据采集系统通过实时监测货物的位置和状态，可以实时更新货物的运输信息，确保货物安全、准时到达目的地。这种实时的追踪和监控能力，不仅提高了物流服务的可靠性和准确性，还增强了客户对物流企业的信任和满意度。

此外，自动化数据采集系统还能够优化物流企业的库存管理和运输路线规划。通过实时采集和分析货物的库存数据，系统可以自动调整库存水平，避免库存积压和缺货现象的发生。同时，通过对运输数据的深入分析，系统可以优化运输路线和配送策略，降低运输成本和提高配送效率。这种智能化的库存管理和运输路线规划方式，不仅提高了物流企业的运营效率，还增强了其市场竞争力。

在电商和物流分拣场景中，自动化数据采集系统同样发挥着重要作用。通过实时监测和采集货物的尺寸、体积和重量等信息，系统可以自动完成货物的分拣和配送任务。这种自动化的分拣方式不仅提高了分拣效率和准确性，还降低了人工成本和劳动强度。同时，通过将这些信息与后端的管理软件相结合，还可以实现对库存货物的位置、批次和保质期等信息的精细化管理，进一步提高物流服务的质量和水平。

在大型仓储中心的管理中，自动化数据采集系统也发挥着不可或缺的作用。通过实时监测和采集货物的存储和搬运数据，系统可以自动调整仓储布局和搬运策略，提高仓储空间的利用率和搬运效率。同时，通过对这些数据的深入分析，还可以发现仓储管理中的潜在问题和风险，及时采取措施进行改进和优化。这种智能化的仓储管理方式不仅提高了物流企业的运营效率和服务质量，还为其可持续发展提供了有力支持。

第四节 传统数据采集方法的优缺点分析

一、传统数据采集方法的优点

(一) 传统数据采集方法在数据准确性与可靠性上的坚实基础

传统数据采集方法以其深厚的实践经验和严格的质量控制流程，确保了数据的高准确性与可靠性。在长期的应用过程中，传统方法通过一系列精心设计的采集流程和校验机制，有效减少了数据录入错误和异常值的影响，从而确保了数据的真实性和一致性。这些流程通常包括数据源的筛选、数据录入的双重核对，以及异常数据的识别与处理等关键步骤，每一步都旨在提升数据的准确性和可靠性。

此外，传统数据采集方法还依赖于专业人员的深入参与和专业知识，他们在数据采集过程中发挥着不可替代的作用。这些专业人员不仅具备丰富的行业知识和经验，还能够根据具体业务需求，灵活调整采集策略，以确保数据的针对性和实用性。他们的存在，为传统数据采集方法提供了坚实的人力保障，进一步增强了数据的准确性和可靠性。

在数据分析和决策制定的过程中，准确可靠的数据是基础中的基础。传统数据采集方法在这一方面的优势，使得其成为许多关键领域，如科学研究、金融监管和公共卫生等，不可或缺的数据来源。这些领域对于数据的准确性和可靠性有着极高的要求，而传统方法正是凭借其在这一方面的坚实基础，赢得了广泛的认可和信赖。

(二) 传统数据采集方法在数据安全与隐私保护上的稳健表现

传统数据采集方法在数据安全与隐私保护方面，展现出了稳健的性能和可靠的保障。在数据采集和处理的过程中，传统方法严格遵守相关法律法规和行业规范，确保数据的合法性和合规性。同时，传统采集方法通过一系列安全措施，如数据加密、访问控制和审计日志等，有效防止了数据的泄露和滥用，保护了个人隐私和商业秘密。

值得注意的是，传统数据采集方法在处理敏感数据时，通常采用更为谨慎和保守的策略。在必要时，会对数据进行匿名化处理或脱敏处理，以进一步降低数据泄露的风险。这种对数据安全和隐私保护的重视，不仅体现了传统方法的专业性和责任感，也为其在涉及个人隐私和敏感信息的领域，如医疗健康、金融服务等，赢得了广泛的信任和认可。

在数字化时代，数据安全与隐私保护已成为社会关注的焦点。传统数据采集方法在这一方面的稳健表现，不仅为其赢得了良好的声誉，也为其他数据采集方法提供了有益的借鉴和参考。随着技术的不断进步和法律法规的日益完善，传统方法将继续在数据安全与隐私保护方面发挥重要作用，为数据的合法合规使用提供有力保障。

（三）传统数据采集方法在成本效益与可持续性上的显著特点

传统数据采集方法在成本效益和可持续性方面，展现出了显著的特点和优势。相较于一些新兴的数据采集方法，传统方法通常需要更低的初始投资成本和更短的实施周期。这使得传统方法在许多预算有限或时间紧迫的项目中，成为更为可行的选择。

此外，传统数据采集方法在可持续性方面也表现出色。由于传统方法通常基于成熟的技术和流程，因此具有较高的稳定性和可靠性。这意味着在长期使用过程中，传统方法能够保持稳定的采集效果和数据质量，降低了因技术更新或系统升级带来的额外成本。

同时，传统数据采集方法还注重资源的合理利用和环境的可持续发展。在数据采集和处理的过程中，传统方法通常采用更为节能和环保的技术手段，减少了能源消耗和环境污染。这种对可持续发展的关注，不仅体现了传统方法的社会责任感，也为其在绿色经济和环保领域的应用提供了有力支持。

二、传统数据采集方法的缺点

（一）传统数据采集方法受限于技术效率与规模瓶颈

传统数据采集方法在处理大规模数据时，往往显得力不从心。在信息技术尚未高度发达的时期，数据采集主要依赖于人工记录或简单的机械装置，这种方式在处理少量数据时或许尚可应对，但当数据量急剧增加时，其效率之低下便暴露无遗。手动录入数据不仅耗时费力，而且极易出错，每一个细微的笔误或遗漏都可能对后续的数据分析造成重大影响。此外，传统方法通常缺乏自动化的数据处理机制，意味着即使数据被成功采集，后续的分析和整理工作也需投入大量人力物力，进一步加剧了成本负担。

与此同时，传统数据采集手段往往难以适应快速变化的数据环境。在数字化时代，数据的产生速度呈指数级增长，数据类型也日益多样化，从文本、数字到图像、音频、视频等，无所不包。而传统方法在设计之初并未考虑到如此复杂多变的数据场景，因此在面对大数据、实时数据或异构数据时，往往显得捉襟见肘，难以有效捕捉和利用这些宝贵的信息资源。这种技术上的局限性，不仅限制了数据的应用范围，也阻碍了数据价值的深入挖掘。

（二）传统数据采集方法缺乏灵活性与可扩展性

传统数据采集方法在设计上往往具有高度的特定性，即针对某一特定任务或数据集而开发，缺乏足够的灵活性和可扩展性。这意味着当业务需求发生变化，或者需要采集的数据类型、来源发生调整时，原有的采集系统往往难以适应，需要进行大量的定制化修改，甚至需要重新开发。这种僵化的特性不仅增加了技术实现的复杂度，也延长了项目周期，提高了成本。

此外，随着技术的不断进步，新的数据采集工具和方法层出不穷，它们往往具有更高的效率、更强的适应性和更丰富的功能。然而，传统数据采集方法由于架构老旧、接口封闭等原因，难以与这些新技术有效集成，从而错失了利用最新科技成果提升数据采集能力的机会。这种可扩展性的缺失，使得传统方法在面对未来技术挑战时显得尤为脆弱，难以保持长期的竞争力。

（三）传统数据采集方法难以保证数据质量与完整性

数据质量是数据分析的生命线，而传统数据采集方法在这一方面存在显著不足。由于人工参与度高，数据录入过程中的错误率难以避免，包括拼写错误、格式不一致、数据重复或遗漏等问题，这些问题都会直接影响到后续数据分析的准确性和可靠性。此外，传统方法在处理异常值或缺失值时往往缺乏有效策略，导致数据完整性受损，进一步削弱了数据的分析价值。

更糟糕的是，传统数据采集过程往往缺乏透明的监控和审计机制，使得数据质量问题的发现和纠正变得异常困难。一旦数据在采集阶段出现问题，很可能在整个数据处理链条中持续传播，最终影响到决策制定的科学性和有效性。这种数据质量的不可控性，不仅增加了数据管理的风险，也限制了数据作为决策支持工具的作用发挥。

（四）传统数据采集方法在实时性与动态响应上的局限

传统数据采集方法在处理实时数据和快速响应需求时，存在显著的局限性。传统方法往往依赖于周期性或触发式的采集策略，这意味着数据的更新频率受到严格限制，难以满足现代应用对于数据即时性的要求。在诸如金融市场分析、紧急事件响应或实时监控系统等场景中，数据的时效性至关重要，任何延迟都可能导致决策失误或错失良机。

此外，传统数据采集方法在面对动态变化的数据环境时，缺乏灵活调整的能力。数据源的变化、数据格式的更新或数据量的激增，都可能要求数据采集策略做出相应调整。然而，由于传统方法在设计上往往缺乏足够的灵活性和自适应性，这些变化往往需要手动干预，且过程复杂耗时。这不仅增加了运维成本，也降低了系统的响应速度和稳定性。在现代社会，信息的快速流动和变化已成为常态，传统数据采集方法在实时性和动态响应上的不足，使其难以适应这一趋势，从而限制了其在众多关键领域的应用潜力。

（五）传统数据采集方法在跨平台与互操作性上的障碍

传统数据采集方法在跨平台集成和与其他系统互操作方面，面临诸多挑战。不同平台、系统和应用程序之间往往存在数据格式、通信协议和接口标准的差异，这使得传统方法在实现跨平台数据采集时，需要进行大量的定制化开发，不仅增加了技术实现的难度，也提高了成本。此外，由于传统方法在设计时通常缺乏统一的数据模型和交换标准，导致数据在不同系统间的传递和共享变得复杂且低效。

这种跨平台与互操作性的障碍，不仅限制了数据的流动性和可用性，也阻碍了数据价值的最大化利用。在数字化转型的浪潮中，企业和组织越来越依赖于数据的跨域整合和综合分析，以支持更智能的决策和更高效的业务流程。然而，传统数据采集方法的这一局限性，使得它们难以融入这一生态体系，从而限制了数据驱动创新的发展步伐。

随着云计算、大数据和人工智能等技术的快速发展，跨平台集成和互操作性已成为数据采集领域的重要趋势。传统方法在这一方面的不足，不仅使其在面对新兴技术挑战时显得力不从心，也加剧了其在市场竞争中的劣势地位。因此，探索和开发具有更强跨平台能力和互操作性的新型数据采集方法，已成为推动数据价值释放和实现数字化转型的关键所在。

第三章 现代数据采集技术

随着信息技术的飞速发展，数据采集技术已成为现代社会的核心支撑之一。从工业生产到科学研究，从农业管理到智慧城市，准确、高效的数据采集是实现智能化、信息化的关键步骤。现代数据采集技术融合了传感器技术、信号处理技术、计算机技术等多个领域的前沿成果，为各行各业提供了强大的数据支持。本章将对现代数据采集技术进行分析。

第一节 物联网数据采集

一、物联网数据采集概述

（一）物联网

物联网是一种通过连接和通信技术，将传感器、设备和系统连接到互联网上的网络。[1] 它通过各种信息传感器、射频识别技术、全球定位系统、红外感应器、激光扫描器等各种装置与技术，实时采集任何需要监控、连接、互动的物体或过程的各种信息，如声、光、热、电、力学、化学、生物、位置等，并通过各类可能的网络接入，实现物与物、物与人的泛在连接。这种连接使得人们能够对物品和过程进行智能化感知、识别和管理。

物联网的核心和基础是互联网技术，其用户端延伸和扩展到了任何物品与物品之间，进行信息交换和通信。物联网设备通常包含各种传感器，用于感知和测量环境参数，并将收集到的数据转化为数字信号进行传输。这些数据通过

---

[1] 鲍世超. 时代聚变：数字经济与创新发展 [M]. 北京：中国经济出版社，2024：116.

通信技术，如无线传感网、蓝牙、Wi-Fi等，传输到云端或其他设备进行处理和分析。云计算平台提供了强大的计算和存储能力，可以对大规模的物联网数据进行处理，提取有用的信息和见解，从而做出智能决策和预测。

物联网的应用范围非常广泛，涵盖了家庭、城市、工业、农业、医疗等各个领域，为人们的生活带来了极大的便利和智能化。随着技术的不断发展，物联网将在未来发挥更加重要的作用，推动社会的信息化和智能化进程。

（二）物联网数据采集的概念

物联网数据采集是指通过一系列技术和设备，从物理世界中实时获取各种参数和信息的过程。它是物联网技术的重要组成部分，为物联网系统的运行和分析提供了基础数据支持。

数据采集是物联网应用的基础层。数据采集一般由各种传感器、识读器读写器、摄像头、终端、GPS等智能模块和设备构成。而采集就是通过这些模块和设备来识别、读取相关信息。其中，所运用的技术主要包括RFID技术、传感控制技术、短距离无线通信技术等。[①]

（三）物联网数据采集的特点

1. 实时性与时效性

物联网数据采集具有显著的实时性特点。这意味着物联网系统能够即时捕获并处理来自各种传感器和设备的数据，从而实现对物理世界的即时感知和响应。在智能家居、工业自动化、交通监控等领域，物联网数据采集的实时性至关重要。例如，在智能家居系统中，温度、湿度等传感器能够实时采集环境数据，并通过物联网技术传输到控制中心，实现对家居环境的智能调节。这种实时性不仅提高了系统的响应速度，还为用户提供了更加便捷和舒适的生活体验。

时效性则体现在物联网数据采集能够捕捉到数据随时间变化的趋势和规律。通过持续采集和分析数据，物联网系统能够揭示出数据背后的隐藏信息，如温度变化的趋势、交通流量的波动等。这些信息对于预测未来趋势、优化资源配置和制定策略具有重要意义。因此，物联网数据采集的时效性是确保系统高效运行和智能决策的关键。

2. 多样性与异构性

多样性体现在物联网系统中的数据源种类繁多，包括温度传感器、湿度传

---

① 袁芬，杜兰晓. 智慧旅游技术概论 [M]. 北京：旅游教育出版社，2022：80.

感器、摄像头等多种设备。这些设备产生的数据类型也各不相同，如模拟信号、数字信号、图像数据等。物联网系统需要能够处理这些不同类型的数据，并将其转化为有用的信息。

异构性则是指物联网系统中不同设备之间的通信协议和数据格式存在差异。例如，一些传感器可能使用 MQTT（Message Queuing Telemetry Transport）协议进行通信，而另一些则可能使用 CoAP（Contrained Application Protocol）或 HTTP（HyperText Transfer Protocol）协议。物联网数据采集系统需要能够识别并适应这些不同的通信协议和数据格式，从而实现对数据的准确采集和传输。这种异构性增加了物联网数据采集的复杂性，但也为系统的灵活性和可扩展性提供了可能。

3. 海量性与存储需求

物联网数据采集具有海量性的特点。随着物联网技术的广泛应用，越来越多的设备被连接到物联网系统中，产生的数据量也呈爆炸式增长。这些海量数据需要被有效地存储和管理，以便后续的分析和应用。物联网数据采集系统通常采用分布式存储和云计算技术来满足这一需求。通过将这些数据分散存储在多个节点上，可以确保数据的可靠性和安全性。同时，云计算技术提供了强大的计算和存储能力，可以处理和分析这些海量数据，提取出有用的信息和见解。

海量数据的存储和管理还面临着一些挑战。首先，数据量的快速增长对存储设备的容量和性能提出了更高的要求。其次，数据的多样性和异构性增加了数据管理的复杂性。物联网数据采集系统需要能够处理这些不同类型的数据，并将其整合到一个统一的数据模型中。最后，数据的隐私和安全也是海量数据存储和管理中需要关注的问题。物联网系统需要采取适当的安全措施来保护用户的隐私和数据安全。

二、物联网数据采集的方式

（一）传感器采集

在物联网中，传感器扮演着至关重要的角色，它们如同数字化的触角，深入物理世界，捕捉各种环境参数。温度传感器、湿度传感器、光照传感器等，这些设备能够精准地测量和记录环境中的数据，如温度、湿度、光照强度等。这些数据随后被传输至中心服务器，进行存储与分析。传感器采集的优势在于其能够实时监测环境变化，提供精确的数据支持，为环境监测、农业管理等领域提供科学依据。此外，传感器采集还具有低功耗、高可靠性的特点，使得物联网系统能够持续稳定运行。

（二）RFID采集

RFID（Radio Frequency Identification，射频识别）技术在物联网数据采集方面扮演着至关重要的角色。RFID技术通过无线电信号来识别特定目标并读写相关数据，其基本原理是将包含特定信息的"标签"放置到物体中。当读写器向标签发送射频信号时，标签内的芯片会接收到这个信号，并将标签存储中的信息通过射频信号返回给读写器，从而完成数据的读取、写入等操作。

RFID系统主要由三个部分构成：标签、读写器和中心控制器。标签是RFID系统的数据存储介质，读写器是RFID系统信息的收发器，而中心控制器则是将读取到的数据进行处理、分析、存储的核心部分。这种技术具有无线通信、可编程性和数据采集速度快等优势。无线通信特性使得RFID技术能够解决传统数据采集方法中识别距离短、数据传输慢、维护成本高等问题。同时，RFID标签可以存储和读取多种信息，甚至支持数据计算和涂鸦等功能，极大地扩展了其应用范围。此外，RFID数据采集速度快，操作简便，能够迅速获取所需数据，减少人工干预和误差。

然而，RFID技术也存在一些不足之处。由于采用无线通信方式，RFID技术存在数据泄露、窃取等风险，需要加强数据加密、数据溯源等安全措施，以确保数据的安全性。同时，RFID技术需要芯片、天线等组件，不仅造价较高，而且需要进行维护、更新等工作，对成本提出了较高的要求。因此，在实际应用中，数据采集人员需要根据具体需求和情况，综合考虑RFID技术的优缺点，选择合适的技术方案，以达到最佳的数据采集效果。

（三）图像视频采集

通过摄像头、图像传感器等设备，物联网系统能够实时捕捉和记录图像和视频数据，为各种应用场景提供直观、丰富的信息支持。

在环境监测系统中，图像视频采集技术被广泛应用于空气质量监测、水质监测、森林火灾预警等领域。通过高清摄像头和图像传感器，系统能够实时捕捉环境变化的图像信息，如烟雾、污染颗粒、水质变化等，为环境质量的评估提供重要数据支持。同时，图像视频采集技术还能够用于交通监控、安防监控等领域，实时捕捉交通流量、车辆违章、人员入侵等事件，提高交通管理效率和安防水平。

图像视频采集技术的优势在于其直观性和准确性。通过图像和视频数据，人们能够直观地了解环境变化、交通状况等实时信息，为决策提供有力支持。同时，图像视频采集技术还能够实现高精度的事件检测和识别，提高系统的准确性和可靠性。然而，图像视频采集技术也存在一些挑战和限制。例如，数据传输和存储成本较高，需要高效的压缩算法和存储方案来降低成本。此外，图像视频数据的处理和分析也需要专业的技术和算法支持，以提高系统的智能化水平。

随着技术的不断发展，图像视频采集技术也在不断进步和完善。高清摄像头、智能传感器等设备的出现，使得图像视频采集技术的分辨率和准确性得到了显著提升。同时，人工智能、机器学习等技术的引入，也为图像视频数据的处理和分析提供了新的方法和手段。这些技术的进步将进一步推动图像视频采集技术在物联网数据采集中的应用和发展。

（四）音频采集

通过音频传感器、麦克风等设备，音频采集技术能够捕捉和记录环境中的声音信息，并将这些数据发送到中心服务器进行存储和分析。

音频采集技术在物联网中具有广泛的应用场景。在环境监测系统中，音频传感器可以捕捉环境噪声等声音信息，为环境质量的评估提供数据支持。例如，在城市交通噪声监测中，音频传感器能够实时捕捉交通噪声，为城市交通规划和噪声控制提供科学依据。在智能家居领域，音频采集技术也发挥着重要作用，如通过语音控制智能家居设备，提高用户的生活便捷性。此外，在工业自动化、医疗诊断等领域，音频采集技术也发挥着重要作用，帮助专业人员获取准确的声音信息，为决策提供支持。

音频采集技术的优势在于其能够捕捉环境中的声音信息，为分析和判断提供重要依据。与传统的传感器数据采集相比，音频采集技术能够提供更丰富的声音信息，如声音的频率、强度、音色等，这些信息对于分析和判断环境中的情况具有重要价值。同时，音频采集技术具有实时性，能够实时捕捉和记录环境中的声音变化，为及时处理和响应提供可能。

然而，音频采集技术也面临一些挑战。一方面，音频数据的采集、存储和传输需要消耗一定的资源和带宽，对系统的性能和稳定性要求较高。另一方面，音频数据的隐私保护和安全性问题也需要引起关注。为了解决这些问题，数据采集人员需要不断优化音频采集技术，提高系统的性能和稳定性，同时加强数据的安全保护措施，确保数据的隐私性和安全性。

三、物联网数据采集的应用

物联网的数据包括各类物理量、身份标识、位置信息、音频、视频数据等。物联网的数据采集涉及传感器、RFID、多媒体信息采集、二维码和实时定位等技术。[①]

（一）物联网数据采集在智能家居中的应用

物联网数据采集技术在智能家居领域发挥着至关重要的作用。通过部署在各类家居设备上的传感器，如温度传感器、湿度传感器、光照传感器等，系统能够实时采集家中的环境数据。这些数据被传输至中心服务器或云端进行存储和分析，进而实现对家居环境的智能化管理。用户只需通过手机 App 或语音控制，就能轻松调节室内温度、开关灯光、查看安防监控等，极大地提高了生活的便捷性和舒适度。

在智能家居系统中，物联网数据采集平台不仅实现了远程控制和智能化管理，还通过数据分析优化能源使用。例如，智能温控系统可以根据室内外温差自动调节空调温度，避免能源浪费；智能照明系统则能根据室内光线自动调节灯光亮度，创造舒适的居住环境。此外，智能家居系统还能通过数据分析预测用户的习惯和需求，提前调整家居环境，进一步提升用户体验。

（二）物联网数据采集在智慧城市中的应用

物联网数据采集技术在智慧城市建设中同样扮演着重要角色。通过在城市基础设施中部署传感器和 RFID 标签，系统能够实时监测城市交通、环境监测、公共安全等各个方面的数据。这些数据被传输至数据中心进行存储和分析，为城市管理者提供决策支持。

在智能交通方面，物联网数据采集技术通过收集和分析车辆、路况等数据，优化信号灯控制，缓解交通拥堵，提高道路通行效率。同时，系统还能实时监测交通流量和车辆速度，为驾驶员提供实时路况信息，提高出行效率。在环境监测方面，系统能够实时监测空气质量、噪声等环境指标，为环境保护和治理提供数据支持。此外，物联网数据采集技术在公共安全领域也发挥着重要作用，通过部署在公共场所的监控设备和传感器，实现对安全隐患的实时监控和预警，保障市民安全。

[①] 张伟亮，李村璞. 金融科技与现代金融市场 [M]. 西安：西安交通大学出版社，2023：150.

（三）物联网数据采集在工业物联网中的应用

工业物联网是物联网数据采集技术的又一重要应用领域。通过在生产线上部署传感器和 RFID 标签，系统能够实时监测设备的运行状态和性能参数，收集并分析生产数据。这些数据被传输至数据中心进行存储和分析，为企业优化生产流程、提高生产效率提供有力支持。

在工业物联网中，物联网数据采集技术不仅实现了对生产线的实时监控，还通过数据分析预测设备可能出现的故障并及时维护。例如，系统可以监测设备的振动、温度等参数，及时发现潜在故障并预警，从而避免生产中断。同时，通过对生产数据的深入分析，企业还能发现生产过程中的瓶颈和浪费，优化资源配置，提高生产效率。此外，物联网数据采集技术还能帮助企业进行能耗监控和质量管理，提高资源利用效率和产品竞争力。

第二节 大数据技术采集

一、大数据技术采集概述

（一）大数据技术

大数据技术是信息技术领域新一代的技术与架构，是从各种类型的数据中快速获得有价值信息的技术。[①] 大数据通常指的是规模巨大、类型复杂多样的数据集合，这些数据在获取、存储、管理和分析方面大大超出了传统数据库软件工具的能力范围。大数据技术则通过一系列创新的方法和技术手段，从这些数据中快速挖掘出有价值的信息，以增强决策力、洞察力和流程优化能力。

大数据技术的核心特征可以概括为"4V"：Volume（大量）、Velocity（高速）、Variety（多样）和 Veracity（真实性）。它涵盖了数据采集、存储、处理、分析和可视化等多个关键环节，并借助云计算、分布式计算、数据挖掘等先进技术，实现了对大数据的高效管理和应用。大数据技术不仅改变了数据处理的方式，更推动了各行各业的信息化进程，为经济社会发展注入了新的

---

① 邓莎莎.新文科数据科学导论［M］.上海：上海交通大学出版社，2023：3.

活力。

(二) 大数据技术采集的概念

大数据技术采集是指通过一系列先进的技术手段和方法,从各种来源和渠道获取、收集大规模数据的过程。在信息时代,数据无处不在,无论是社交媒体、物联网设备、企业系统还是互联网平台,都在不断产生大量的数据。这些数据种类繁多,包括结构化数据、半结构化数据和非结构化数据,涵盖了文本、图像、音频、视频等多种形式。

大数据技术采集的核心在于高效、准确地从海量数据源中提取有价值的信息。为了实现这一目标,大数据技术采集采用了多种技术和工具,如分布式系统、并行计算、网络爬虫、数据库同步等。这些技术和工具能够处理高速数据流,应对高并发访问,确保数据的实时性和准确性。

此外,大数据技术采集还注重数据的多样性和来源广泛性。它能够从传感器、智能设备、企业系统、社交网络和互联网平台等多个渠道获取数据,实现对不同类型数据的全面采集和整合。这种全面性和整合性为后续的数据分析和应用提供了坚实的基础。

(三) 大数据技术采集的特点

数据是单位的信息资产,单位经常运用财务指标分析工具进行分析、预测、评价与监控单位经营管理活动。[①] 大数据技术采集呈现出多样化的特点。

1. 自动化与高效性

传统数据采集方式往往依赖于人工操作,如调查问卷、电话随访等,这种方式不仅耗时费力,且效率低下。而大数据技术采集则通过先进的自动化工具和算法,如网络爬虫、API接口等,实现了数据的自动抓取和收集。这些工具能够按照预设的规则和策略,在指定的时间间隔内自动访问数据源,提取并存储所需数据。

自动化不仅提高了数据采集的效率,还大大减少了人为干预,降低了出错的可能性。同时,大数据技术采集通常基于分布式计算架构,能够同时处理多个数据源,实现数据的并行采集。这种高效的数据处理能力,使得大数据技术采集能够在短时间内完成大规模数据的收集工作,为后续的数据分析和应用提供了有力支持。

---

① 文拥军,胥兴军. 精编会计学原理 [M]. 3版. 武汉:武汉理工大学出版社,2020:260.

2. 多样化与灵活性

大数据技术采集的另一个显著特点是其能够处理多样化的数据类型和来源。在信息时代，数据类型丰富多样，包括结构化数据、半结构化数据和非结构化数据。结构化数据如数据库中的表格，半结构化数据如 XML（Extensible Markup Language）文件，非结构化数据如图像、音频和视频等。大数据技术采集通过集成多种技术和工具，能够同时处理这些不同类型的数据。

此外，大数据技术采集还具有高度的灵活性。它能够根据实际需求，动态调整数据采集的策略和规则。例如，当数据源发生变化时，大数据技术采集能够迅速调整采集策略，确保数据的准确性和完整性。这种灵活性使得大数据技术采集能够适应不同的应用场景和需求，为各行各业提供定制化的数据采集解决方案。

3. 实时性与准确性

大数据技术采集还具备实时性和准确性的特点。在信息时代，数据的时效性至关重要。大数据技术采集通过实时监控数据源，能够在数据产生后迅速进行采集和处理，确保数据的实时性。这种实时数据采集能力，使得企业能够及时了解市场动态和用户需求，为决策制定提供有力支持。

同时，大数据技术采集还注重数据的准确性。通过采用先进的算法和技术手段，如数据清洗、去重、校验等，大数据技术采集能够确保采集到的数据准确无误。这种准确性不仅提高了数据的可用性，还为后续的数据分析和应用提供了可靠的基础。

二、大数据技术采集的相关技术

大数据采集技术指通过射频识别（RFID）、传感器、社交网络交互及移动互联网等方式获得各种各样的结构化、半结构化和非结构化海量数据的技术。[1]

（一）数据库采集技术

数据库采集技术主要采用的是数据库驱动技术，专门负责将数据源系统数据库中的数据表或视图中的内容抓取下来，按照系统元数据的配置，将数据整合成 idx 或者 XML 格式。[2] 大数据技术采集的一个重要途径是通过数据库采集。企业通常部署多种数据库系统，如 MySQL、Oracle 等，用于存储和管理结

---

[1] 袁春，刘婧，王工艺. 基于鲲鹏的大数据挖掘算法实战 [M]. 北京：机械工业出版社，2022：6.
[2] 史晓凌，高艳，谭培波，等. 慧聚 [M]. 北京：机械工业出版社，2023：68.

构化数据。这些数据库系统不仅支持高效的数据存储和查询，还能通过特定的数据接口和工具，实现数据的批量导出和导入。随着大数据时代的到来，NoSQL 数据库如 Redis、MongoDB 和 HBase 也逐渐成为数据采集的重要工具，它们能够处理半结构化和非结构化数据，满足更广泛的数据采集需求。

数据库采集技术的优势在于其数据的一致性和准确性。由于数据库中的数据通常经过严格的校验和清洗，因此采集到的数据质量较高。此外，数据库系统提供了丰富的查询和统计功能，使得数据采集过程更加灵活和高效。然而，数据库采集也面临一些挑战，如数据量的快速增长、数据格式的多样性以及数据访问权限的管理等。为了解决这些问题，企业通常采用分布式数据库架构和数据仓库技术，以提高数据采集和处理的性能。

（二）网络爬虫技术

"网络爬虫"是一种自动化程序，可以从网页上抓取各种数据。[1] 网络爬虫是另一种常见的大数据采集技术。网络爬虫（又称网络蜘蛛）是指用来实现自动采集网络数据的程序。[2] 它是一种能够自动访问网页并提取数据的程序或脚本。网络爬虫从一个或若干初始网页的统一资源定位符（Uniform Resource Locator，URL）开始，通过不断抽取新的 URL 并抓取网页内容，逐步构建出一个庞大的网页数据集合。这些数据集合可以用于搜索引擎索引、网页内容分析、数据挖掘等多种应用场景。

网络爬虫技术的优势在于其能够自动化地采集大量数据，且不受时间和地域的限制。通过配置不同的爬虫策略和参数，企业可以灵活地采集不同类型和格式的数据。然而，网络爬虫也面临一些挑战，如反爬虫机制的限制、数据质量的参差不齐以及数据隐私的保护等。为了解决这些问题，企业通常采用分布式爬虫架构、智能爬虫算法以及数据清洗和预处理技术，以提高数据采集的效率和准确性。

（三）系统日志采集技术

不管是业务系统、操作系统还是数据库系统，每天都会产生大量的日志数据。[3] 系统日志采集是大数据技术采集的另一种重要方式。企业通常通过收集公司业务平台产生的日志数据，为离线和在线的大数据分析系统提供数据支

---

[1] 猿媛之家，周炎亮，等. 大数据分析师面试笔试宝典 [M]. 北京：机械工业出版社，2022：152.
[2] 覃事刚，姚瑶，李奇. 大数据技术基础 [M]. 2 版. 北京：航空工业出版社，2021：84.
[3] 刘隽良，王月兵，覃锦端，等. 数据安全实践指南 [M]. 北京：机械工业出版社，2022：84.

持。系统日志采集工具采用分布式架构。这些日志数据包括用户行为日志、系统错误日志、安全审计日志等，对于监控和分析系统运行状态、优化用户体验以及预防安全风险具有重要意义。

系统日志采集技术的优势在于其能够实时地采集和传输数据，且数据格式相对统一，便于后续的分析和处理。通过配置不同的日志采集策略和参数，企业可以灵活地采集不同类型和级别的日志数据。然而，系统日志采集也面临一些挑战，如日志数据的海量性、实时性以及数据格式的多样性等。为了解决这些问题，企业通常采用分布式日志采集架构、实时数据处理技术以及数据格式转换工具，以提高数据采集和处理的性能。

三、大数据技术采集的应用

（一）大数据技术在社交媒体实时舆情监控中的应用

大数据技术在社交媒体实时舆情监控中发挥着至关重要的作用。随着互联网的发展，社交媒体已成为公众表达意见、分享信息的重要平台。通过大数据技术，可以实现对社交媒体信息的全面、实时采集，为舆情监控提供强有力的支持。

在舆情监控过程中，大数据技术能够实现对社交媒体信息的智能抓取。通过编写网络爬虫程序，可以自动从各大社交媒体平台如微博、微信、抖音等抓取用户发布的内容、评论、点赞等信息。这些海量数据为舆情分析提供了丰富的素材。随后，大数据技术对这些数据进行清洗、去重和分析，提取出有价值的信息。利用关键词搜索与监控技术，系统能够实时检测到包含敏感关键词的信息，及时发出预警，帮助相关部门快速响应。

大数据技术还能通过关联分析和趋势预测，揭示舆情的发展态势。通过对历史数据的挖掘和分析，可以发现舆情传播的规律和特点，为未来的舆情预测提供科学依据。例如，在突发事件发生时，大数据技术能够迅速捕捉到相关信息，分析公众的情绪和观点，为相关部门提供决策支持。此外，大数据技术还能通过可视化手段，将分析结果以图表、报告等形式呈现，使得舆情监控更加直观、高效。

（二）大数据技术在智慧城市智能管理与服务优化中的应用

大数据技术在智慧城市智能管理与服务优化中同样展现出巨大的潜力。智慧城市是指利用物联网、大数据、云计算等现代化科技手段，对城市进行全面数字化、智能化的管理和服务。大数据技术在这一过程中扮演着核心角色。

在智慧城市的智能管理中，大数据技术能够实现对城市信息的全面采集和存储。通过将城市各个方面的数据如交通流量、气象变化、人口流动等进行整合，大数据技术为城市管理者提供了全方位的信息支持。这些数据不仅有助于发现城市运营中的问题和瓶颈，还为制定科学合理的解决方案提供了依据。例如，在交通管理中，大数据技术可以通过分析交通流量数据，优化信号灯控制策略，缓解交通拥堵问题。

此外，大数据技术在提升城市服务质量方面也发挥着重要作用。通过对公共服务如公共交通、公共安全、环境卫生等的数据进行分析，大数据技术可以帮助相关部门实现服务的精细化管理和智能化。例如，在公共卫生领域，大数据技术可以通过分析疾病传播数据，制定科学的防疫措施，提高公共卫生应急响应能力。同时，大数据技术还能通过个性化推荐等手段，提升市民的生活体验。例如，在智慧旅游中，大数据技术可以根据游客的偏好和行为数据，提供个性化的旅游建议和服务。

大数据技术的应用不仅提升了城市管理的效率和质量，还推动了城市的可持续发展。通过对城市社会、经济、环境等方面的数据进行分析，大数据技术可以帮助城市管理者及时发现发展中的问题和风险，并采取相应措施进行预防和控制。例如，在环境保护方面，大数据技术可以通过分析环境污染数据，制订科学的治理方案，推动城市的绿色发展。总之，大数据技术在智慧城市智能管理与服务优化中的应用，为城市的现代化治理提供了有力支持。

（三）大数据技术在教育行业中的个性化学习与教学效果评估

在教育行业中，大数据技术的采集与应用为个性化学习与教学效果评估带来了革命性的变化。大数据技术通过对学生的学习数据进行深度挖掘与分析，实现了学习路径的个性化定制。这些学习数据涵盖了学生的在线作业完成情况、测试成绩、论坛讨论活跃度及互动式学习工具的使用记录等。通过这些数据，教师可以精准识别学生的学习难点和兴趣点，进而为学生制定量身定做的学习计划。这种个性化的学习路径不仅满足了学生的不同学习需求，还显著提升了他们的学习效率和动力。

在教学内容与教学方法的优化方面，大数据技术同样发挥着重要作用。通过对大量学习数据的分析，教育者可以清晰地了解哪些教学内容和方法最有效。例如，通过对比小组学习与个人学习的成效数据，教育者能够针对不同科目或课程选择最合适的教学模式。这种基于数据的决策使得教学内容的更新和教学方法的调整更加科学、高效。同时，大数据技术还能帮助教育者及时发现学生的学习需求，从而提前介入，提供针对性的支持和资源，确保学生能够在遇到难题时得到及时的帮助。

在教学效果评估方面，大数据技术的应用使得评估更加精准、全面。传统的评估方式往往依赖于单一的考试成绩，而大数据技术则能够收集和分析学生的各种学习数据，包括他们的学习习惯、时间安排以及应对不同类型课程和内容的方式等。这些详细的数据为教育者提供了关于学生学习进度和效果的全景式视图。通过分析这些数据，教育者可以揭示学习习惯与学业成绩之间的相关性，为学生提供改进学习行为的建议。此外，大数据技术还能够预测学生的学习成果，使得教育者能够在必要时调整教学策略，确保每个学生都能在适合自己的节奏下取得最佳的学习效果。

（四）大数据技术在零售行业中的库存管理与供应链优化

在零售行业中，大数据技术的采集与应用对于库存管理与供应链优化具有深远影响。零售商可以利用大数据技术，如机器学习和聚类算法，对消费者数据进行细致的分析与建模，从而构建出精准的客户画像。这些画像有助于零售商更准确地了解不同市场细分的需求和行为习惯，进而制定个性化的销售策略，提高库存周转率，减少积压和缺货现象。

在预测性销售与库存管理方面，大数据技术通过对历史销售数据和市场趋势的分析，能够准确预测产品需求。例如，使用 ARIMA 模型进行时间序列分析，零售商可以预测未来销售趋势，从而提前准备库存，制定有效的定价和促销策略。这种基于数据的预测能力使得零售商能够更好地应对市场波动，降低库存成本，提高盈利能力。

在供应链优化方面，大数据技术实现了对整个供应链各环节的实时监控和精细化管理。传统的供应链管理中，决策往往依赖于有限的历史数据和经验，容易导致决策的盲目性和不准确性。而大数据技术能够从海量的数据中挖掘出有用的信息，为决策提供更为准确和科学的依据。通过实时监控和分析供应链中的信息流、物流和资金流，大数据技术可以帮助企业及时发现潜在的风险因素，并采取相应的措施进行风险管理，确保供应链的稳定运行。此外，大数据技术还能优化生产计划、库存管理、运输路线等方面，提升运营效率，降低成本，增强企业的市场竞争力。

第三节　云计算数据采集

一、云计算数据采集概述

（一）云计算

云计算是一种基于互联网的计算方式，它通过虚拟化技术将庞大的计算处理程序自动分拆成无数个较小的子程序，再交由多部服务器所组成的庞大系统经搜寻、计算分析之后将处理结果回传给用户。这一革命性的技术模式，不仅极大地提升了数据处理能力，还实现了计算资源的高效利用和灵活配置。

在云计算架构中，硬件和软件资源被封装成服务，用户可以通过互联网按需获取。这种服务模式降低了企业的 IT 成本，因为企业无需自行购买、维护昂贵的硬件设备，也无需为闲置的计算能力付费。同时，云计算还提供了几乎无限的可扩展性，使企业能够根据需要快速增加或减少计算资源。

云计算的应用场景广泛，从个人用户的文件存储、在线办公到企业级的数据分析、业务应用，都离不开云计算的支持。在教育领域，云计算使得远程教育成为可能，学生可以随时随地访问学习资源和课程。在医疗领域，云计算助力医疗机构实现医疗数据的共享和分析，提高了医疗服务的效率和质量。

此外，云计算还推动了大数据、人工智能等新兴技术的发展。通过云计算平台，企业可以轻松地收集、存储和分析海量数据，进而利用这些数据来优化业务流程、提升产品竞争力。同时，云计算也为 AI 模型的训练和推理提供了强大的计算能力支持。

（二）云计算数据采集的概念

云计算数据采集是指利用云计算技术来进行数据采集的过程。云计算作为一种基于互联网的计算方式，通过虚拟化技术将计算资源封装成服务，使用户能够按需获取计算能力、存储空间和信息服务。

在云计算数据采集过程中，用户可以通过调用云端服务实现数据的抓取和存储。这一过程通常包括配置 API 接口或设定爬虫规则，以指定需要获取的数据源。随后，任务调度器会管理并分发采集任务给不同的机器进行处理，这些机器在不同的地理位置或数据中心运行，实现分布式的数据采集。

采集到的数据会被发送到云端进行存储和处理，用户可以通过互联网访问这些数据，并利用大数据技术进行加工和分析，挖掘出有价值的信息。云计算数据采集的优势在于其高效性、可扩展性和成本效益，使得企业能够快速响应市场变化，提升数据驱动的决策能力。

二、云计算数据采集的技术

（一）分布式数据采集技术

云计算数据采集的核心技术之一是分布式数据采集技术。该技术利用云计算平台提供的强大计算和存储资源，实现了对大规模数据的并行采集和处理。在分布式数据采集系统中，数据被分散存储在不同的节点上，每个节点负责采集和处理一部分数据。这种分布式的处理方式显著提高了数据采集的效率和可扩展性。

分布式数据采集技术通过在网络中部署多个采集节点，每个节点负责监控和采集特定范围内的数据。这些节点之间通过高速网络连接，实现数据的实时传输和同步。同时，云计算平台提供了动态资源调度和负载均衡机制，确保在数据采集过程中各个节点的负载均衡，避免单个节点过载导致的数据采集延迟或丢失。

此外，分布式数据采集技术还具备高度容错性。在数据采集过程中，如果某个节点出现故障或网络中断，其他节点可以自动接管其任务，确保数据采集的连续性和完整性。这种容错机制提高了数据采集系统的稳定性和可靠性，使其能够应对各种复杂环境。

（二）API接口数据采集技术

通过调用目标系统的API接口，可以实现对特定数据的采集和获取。这种技术广泛应用于互联网、金融、电商等领域，用于采集用户行为数据、交易数据、产品信息等。

API接口数据采集技术的优势在于其高效性和灵活性。通过API接口，数据采集人员可以直接访问目标系统的数据库或数据服务，获取所需的数据。相比传统的网络爬虫技术，API接口数据采集更加稳定可靠，能够避免被封禁或限制访问的风险。

同时，API接口数据采集技术还支持定制化开发。根据具体需求，数据采集人员可以设计符合特定业务逻辑的 API 接口，实现数据的精准采集和处理。这种定制化开发能力使得 API 接口数据采集技术能够适应各种复杂场景，满足不同企业的数据采集需求。

在实际应用中，API 接口数据采集技术通常与云计算平台相结合，利用云计算平台提供的计算和存储资源，实现对大规模数据的实时采集和处理。这种结合使得数据采集系统具备更高的性能和可扩展性，能够更好地满足企业的业务发展需求。

（三）云爬虫数据采集技术

云爬虫数据采集技术是云计算数据采集中的又一关键技术。云爬虫是一种在云计算环境中运行的自动化数据采集工具，它通过模拟人类用户的行为，对互联网上的网页进行遍历和抓取，从而获取所需的数据。

云爬虫数据采集技术的优势在于其自动化和智能化。通过预先设定的规则和策略，云爬虫可以自动地遍历目标网站，抓取网页中的文本、图片、视频等数据。同时，云爬虫还支持对网页内容的智能分析和处理，能够识别并提取出有价值的信息。

此外，云爬虫数据采集技术还具备高度的可扩展性和灵活性。在云计算环境中，数据采集人员可以根据实际需求动态调整云爬虫的数量和性能，以满足不同规模的数据采集任务。同时，云爬虫还支持多种数据格式和存储方式，方便将采集到的数据进行后续处理和分析。

在实际应用中，云爬虫数据采集技术广泛应用于互联网数据挖掘、舆情监测、竞争情报分析等领域。通过云爬虫技术，企业可以实时获取互联网上的最新信息，为业务决策提供支持。同时，云爬虫技术还可以帮助企业监测竞争对手的动态，及时调整市场策略，保持竞争优势。

三、云计算数据采集的应用

（一）云计算数据采集在商业情报分析中的应用

云计算数据采集在商业情报分析领域发挥着至关重要的作用。企业借助云计算技术，能够高效地从各种数据源中抓取、清洗和整理数据，为商业决策提供科学依据。通过云采集，企业可以实时监控市场动态、竞争对手信息以及消费者行为等关键信息。这些信息通过精细的筛选规则和算法进行处理，确保了数据的准确性和可靠性。

在实际操作中，企业可以设定特定的关键词、平台和账号，通过云采集系统实现对多个渠道的同步监测。例如，某大型零售企业可以通过云采集系统，实时获取其竞争对手的价格变动、促销活动等信息，进而快速调整自身的市场策略。同时，云采集系统还可以帮助企业分析消费者行为，包括购买偏好、消费频次等，为企业精准营销提供数据支持。

此外，云采集系统还能够将采集到的数据与其他系统无缝对接，如客户关系管理系统或企业资源规划系统，从而帮助企业实现数据的全面整合和共享。这不仅提高了工作效率，还使得数据分析更加全面和深入，为企业的战略规划提供了有力支持。

（二）云计算数据采集在舆情监测中的应用

云计算数据采集在舆情监测领域同样具有广泛的应用前景。随着互联网的发展，公众对各类事件的关注度不断提高，网络舆情的影响力日益显著。通过云采集系统，政府和企业可以实时监测网络上的舆情信息，包括新闻报道、社交媒体评论、论坛讨论等，从而及时了解公众对某一事件的看法和态度。

在舆情监测中，云采集系统能够自动抓取并分类处理各种信息，通过自然语言处理和情感分析等技术，对舆情信息进行深入解读。例如，在某一突发事件发生后，云采集系统可以迅速抓取网络上的相关报道和评论，分析公众的情绪倾向和关注焦点，为政府和企业提供应对建议。

此外，云采集系统还可以根据监测结果，自动生成舆情报告，为决策者提供直观的数据展示和分析。这些报告不仅可以帮助政府和企业了解公众的需求和期望，还可以及时发现潜在的危机和挑战，为危机管理提供预警和应对方案。

（三）云计算数据采集在数据挖掘与知识发现中的应用

云计算数据采集在数据挖掘与知识发现领域也发挥着重要作用。数据挖掘是指从大量数据中提取有用信息的过程，而云采集系统则为企业提供了高效的数据获取手段。通过云采集，企业可以获取来自各种数据源的结构化或非结构化数据，如销售记录、客户反馈、社交媒体数据等。

在数据挖掘过程中，云采集系统能够支持多种数据处理和分析工具，从而实现对数据的快速处理和深入分析。通过数据挖掘技术，企业可以发现数据中的隐藏模式和趋势，为业务优化和创新提供科学依据。例如，在电子商务领域，企业可以通过数据挖掘技术，分析用户的购买历史和偏好，为用户推荐个性化的商品和服务。

此外，云采集系统还能够支持实时数据处理和分析，帮助企业及时捕捉市场变化和业务机会。通过数据挖掘与知识发现，企业可以不断挖掘新的业务增长点，提高市场竞争力。

第四节 人工智能与机器学习辅助采集

一、人工智能辅助数据采集

人工智能是计算机科学、控制论、信息论、神经生理学、心理学、语言学等多种学科互相渗透而发展起来的一门综合性学科。[①]

(一) 人工智能数据采集的相关技术

1. 人工标注与众包技术

人工标注与众包技术是人工智能数据采集过程中不可或缺的一环。它们通过人工或众包平台对原始数据进行分类、标注和整理，以满足 AI 模型训练的需求。这一技术广泛应用于语音识别、图像识别、自然语言处理等多个领域。

人工标注通常由专业的数据标注团队完成。他们根据预设的标签体系对原始数据进行标注，如为图像中的物体打上标签、为文本中的关键词加上权重等。这一过程中，标注人员需要具备一定的专业知识和经验，以确保标注结果的准确性和一致性。

众包技术则利用互联网平台的优势，将标注任务分配给大量用户共同完成。这一方式能够快速获取大量标注数据，降低人工成本。同时，由于众包用户来自不同的背景和领域，他们的标注结果往往更加多样化和全面化，有助于提升 AI 模型的泛化能力。

然而，人工标注与众包技术也面临一些挑战。例如，标注结果的准确性和一致性难以保证；众包用户的素质和参与度参差不齐；标注任务的管理和质量控制难度较大等。为了解决这些问题，开发者需要制定合理的标注规范和流程、加强标注人员的培训和管理、采用先进的标注工具和技术手段等。

---

① 王成，李明明. 经济管理创新研究 [M]. 北京：中国商务出版社，2023：138.

2. 数据合成与增强技术

数据合成与增强技术是人工智能数据采集领域的一项重要创新，它通过算法生成或修改现有数据，创造出更多样化的训练样本，从而帮助 AI 模型更好地泛化到未见过的数据上。这一技术尤其适用于数据稀缺或标注成本高昂的领域，如医学影像分析、自动驾驶等。

数据合成技术通常涉及图像或视频的生成、语音的合成以及文本的创作等。例如，在医学影像分析中，研究者可以利用深度学习模型生成逼真的医学图像，模拟不同疾病状态下的病理特征，为模型训练提供丰富的数据支持。在自动驾驶领域，研究者通过模拟不同天气、光照条件下的道路场景，可以生成多样化的驾驶视频数据，提高模型对复杂环境的适应能力。

数据增强技术则是对现有数据进行变换或扩展，以增加数据集的多样性和鲁棒性。这些变换可能包括图像的旋转、缩放、翻转、颜色调整等，以及文本的随机删除、替换、插入等操作。通过这些变换，可以生成大量新的训练样本，帮助模型学习到更加泛化的特征表示。

尽管数据合成与增强技术能够显著提高 AI 模型的性能，但也需要谨慎使用，以避免引入噪声数据或导致模型过拟合。因此，开发者在运用这些技术时，应结合实际应用场景的需求，选择合适的合成或增强策略，并进行充分的验证和评估。

（二）人工智能数据采集的应用

1. 在自动驾驶技术中的核心作用

自动驾驶技术是人工智能数据采集应用的又一重要领域。自动驾驶汽车通过车载传感器，如雷达、摄像头、激光雷达等，实时采集周围环境的数据，包括道路信息、交通标志、障碍物位置等。这些数据经过算法处理和分析，能够帮助自动驾驶汽车实现环境感知、决策制定和精确控制。例如，摄像头可以捕捉前方的路况信息，激光雷达可以测量与周围障碍物的距离，这些数据共同支持自动驾驶汽车进行路径规划和避障操作。此外，自动驾驶汽车还需要通过数据采集技术，不断学习和优化驾驶策略，以适应不同道路和交通状况的挑战。

2. 人工智能数据采集在教育与学习个性化中的革新实践

人工智能技术在教育领域的应用，特别是在数据采集与分析方面，正引领着一场前所未有的变革。通过深度挖掘学生的学习行为、成绩和兴趣等多维度数据，AI 技术为每个学生量身定制了个性化的学习方案。这种个性化的学习体验不仅提升了学生的学习效率，还极大地激发了他们的学习兴趣。

在教育实践中，AI 技术利用大数据分析和机器学习算法，对学生的学习数据进行了全面而深入的剖析。例如，通过分析学生的历史成绩和学习习惯，AI能够预测其未来的学习表现，并据此推荐最适合的学习资源和路径。这种智能化的推荐系统，使得学生能够以最适合自己的节奏掌握知识，避免了传统一刀切的教学模式带来的弊端。

此外，AI技术还在智能辅导与答疑方面展现了巨大潜力。通过自然语言处理技术，AI系统能够理解学生的问题，并给出准确的解答和建议。这种即时的学习支持，不仅减轻了教师的负担，还为学生提供了更加便捷和个性化的学习体验。一些先进的AI辅导系统，还能根据学生的学习数据，动态调整辅导方案，确保每个学生都能得到最适合自己的帮助。

值得注意的是，AI技术还为残障学生提供了更加便捷和个性化的学习支持。通过定制化的学习工具和界面调整，AI使得残障学生能够更好地获取和互动教育资源。例如，针对听障学生，AI技术提供了实时字幕服务，帮助他们更好地理解课堂内容。这种技术的应用，不仅拓宽了残障学生的学习渠道，还为他们提供了更加公平和包容的教育环境。

3. 在零售与供应链管理中的智能化升级

人工智能数据采集在零售与供应链管理中的智能化升级，正引领着行业向更高效、更精准的方向迈进。通过深度挖掘和分析各类数据，AI技术为零售商提供了前所未有的洞察力和决策支持，极大地优化了供应链的整体运作。

在零售领域，AI数据采集的应用使得需求预测变得更加精准。系统能够实时采集并分析历史销售数据、季节性趋势、消费者行为模式等多维度信息，从而准确预测未来一段时间内的产品需求变化。这种预测能力不仅帮助零售商更好地规划库存，避免库存积压或缺货带来的经济损失，还能提升供应链的响应速度，确保产品能够及时送达消费者手中。

同时，AI技术也在供应链管理中发挥着重要作用。通过采集和分析供应商的交货记录、质量数据等信息，AI系统能够自动评估供应商的绩效，并给出改进建议。这不仅提升了供应链的透明度和可追溯性，还有助于零售商与供应商建立更加紧密和高效的合作关系。

此外，AI数据采集的应用还促进了零售与供应链管理中的智能化决策。基于大数据分析和机器学习算法，AI系统能够为零售商提供智能化的库存优化、物流路径规划等决策支持。这些决策不仅更加科学、客观，还能根据实时数据动态调整，确保供应链始终保持在最佳状态。

二、机器学习辅助数据采集

机器学习是人工智能的一个子集。机器学习的主要目标就是利用数学模型来理解数据，发现数据中的规律并将其用于数据分析和预测。①

（一）机器学习对数据采集的作用

1. 机器学习在提升数据采集效率方面的作用

机器学习技术在现代数据采集过程中扮演着至关重要的角色，其强大的数据处理与分析能力极大地提升了数据采集的效率。通过智能算法，机器学习能够自动化识别并提取关键信息，减少了人工干预的需求，从而加速了数据收集的进程。例如，在金融领域，机器学习算法可以迅速分析大量交易记录，准确识别异常交易模式，这不仅提高了数据采集的速度，还增强了数据的准确性和安全性。此外，机器学习还能够学习并适应不同的数据源格式，实现跨平台、跨系统的数据整合，进一步提升了数据采集的全面性和时效性。

2. 机器学习在优化数据采集质量方面的贡献

在数据采集过程中，数据质量是决定后续分析效果的关键因素。机器学习通过构建复杂的预测模型，能够对数据中的噪声、缺失值以及错误信息进行有效过滤和修正，显著提升数据的清洁度和可用性。特别是在医疗领域，机器学习技术能够从海量的病历记录中提取出有价值的信息，同时排除因录入错误或设备故障导致的异常数据，为医生的诊断提供更加可靠的依据。此外，机器学习还能根据历史数据的学习结果，自动调整数据采集的策略，比如动态调整采样频率或选择更优的数据传输路径，从而在保证数据质量的同时，降低数据采集的成本和能耗。

3. 机器学习在提高数据采集智能化水平上的作用

随着人工智能技术的不断发展，机器学习在数据采集中的应用日益智能化，能够根据具体的应用场景和需求，灵活调整采集策略，实现更高效、更精准的数据获取。在智能制造领域，机器学习技术可以集成到传感器网络中，通过分析设备的运行状态和工作环境，自动调整数据采集的精度和频率，确保关键信息的实时捕捉，同时避免不必要的资源浪费。这种智能化的数据采集方式，不仅提高了生产效率，还为企业提供了更加深入的业务洞察能力。此外，机器学习还能通过不断学习和优化，自我完善数据采集的逻辑和算法，使数据采集系统更加适应复杂多变的环境变化，保持长期的稳定性和高效性。

4. 机器学习在促进数据采集创新中的应用

机器学习技术的引入，为数据采集领域带来了前所未有的创新机遇。它不仅能够提升现有数据采集方法的效率和质量，还能够开辟全新的数据采集路径

---

① 万珊珊，吕橙，郭志强，等. 计算思维导论［M］. 北京：机械工业出版社，2023：271.

和模式。在物联网时代，机器学习算法能够分析大量物联网设备的交互数据，挖掘出潜在的数据关联和规律，为数据采集提供新的视角和方法。例如，在城市智能交通系统中，机器学习可以通过分析车辆行驶轨迹、交通流量等数据，预测未来的交通拥堵情况，从而指导数据采集系统提前布局，收集更加全面、细致的交通信息，为城市交通管理提供更加科学的决策支持。这种基于机器学习的数据采集创新，不仅推动了技术的进步，也为社会经济的可持续发展注入了新的活力。

（二）机器学习辅助数据采集的应用

1. 机器学习辅助数据采集在智能安防领域的应用

机器学习作为人工智能的核心技术，在智能安防领域展现出了巨大的潜力。其辅助数据采集的应用，不仅提升了安全监控的效率和准确性，还为预防和应对安全威胁提供了新的解决方案。

在智能安防领域，机器学习通过训练模型，能够从海量的监控视频中自动识别和提取关键信息。例如，通过对历史监控数据的学习，机器学习算法能够识别出异常行为模式，如人员闯入、物品丢失等，从而触发警报，及时通知安全人员进行处理。这种能力大大降低了人工监控的成本，同时提高了安全响应的速度。

此外，机器学习在智能安防中还发挥着数据整合与分析的关键作用。它能够自动整合来自不同监控设备和传感器的数据，通过关联分析，发现潜在的安全威胁。例如，在大型公共场所，机器学习算法可以分析人流密度、车辆行驶轨迹等数据，预测可能发生的拥挤或事故，为安全预案的制定提供科学依据。这种跨数据源的综合分析能力，使得智能安防系统能够更全面地掌握安全态势，为决策提供有力支持。

机器学习算法在智能安防中还具有自适应学习和优化的能力。随着新数据的不断加入，算法能够不断更新和优化模型参数，提高识别的准确性和鲁棒性。这意味着智能安防系统能够不断适应新的安全威胁和场景变化，保持其防护能力的有效性。例如，在面对新型的网络攻击或物理入侵手段时，机器学习算法能够通过学习新样本，快速更新识别规则，确保系统的防护能力不受影响。

值得一提的是，机器学习在智能安防领域的应用还促进了智能预警系统的发展。通过训练模型，机器学习算法能够预测某些高风险区域或时段的安全状况，提前发出预警，为安全人员提供充足的时间进行准备和应对。这种预警机制不仅提高了安全响应的效率，还有助于减少安全事故的发生，保障人员和财产的安全。

2. 机器学习辅助数据采集在智能交通系统中的应用

在智能交通系统中，机器学习辅助数据采集的应用为交通管理和出行提供了全新的解决方案。通过学习历史交通数据和实时传感器数据，机器学习算法能够准确预测未来的交通流量，为交通信号优化和路线规划提供科学依据。

机器学习在智能交通系统中的一个重要应用是交通流量预测。通过对历史交通数据的深入学习和分析，机器学习算法能够识别出交通流量与时间、天气、节假日等因素之间的关系，从而准确预测未来的交通状况。这种预测能力为交通管理部门提供了宝贵的信息资源，有助于他们制定科学的交通疏导方案，缓解交通拥堵问题。

在路况监测方面，机器学习也发挥着重要作用。通过学习传感器数据和视频监控数据，机器学习算法能够实时监测道路的交通状况，识别交通拥堵、事故等异常情况，并及时采取相应的措施。这种实时监测和预警机制不仅提高了交通管理的效率，还有助于减少交通事故的发生，保障行车安全。

此外，机器学习在智能交通系统中还为个性化路线规划提供了可能。通过学习历史出行数据和道路网络数据，机器学习算法能够了解用户的出行偏好和道路的实时状况，从而为用户提供最优的出行方案。这种个性化服务不仅提高了出行的便捷性，还有助于优化交通流量分配，提高交通系统的整体效率。

3. 机器学习在农业数据采集中的创新应用

机器学习作为人工智能的重要分支，正在农业领域展现出其强大的数据采集与分析能力，推动着农业向数字化、智能化方向发展。在农业数据采集过程中，机器学习通过其高效的算法模型，实现了对农田环境、作物生长状态及病虫害等多维度数据的精准捕捉与深度挖掘。

机器学习在农业数据采集中的首要创新应用体现在精准农业实践上。通过部署在农田中的各类传感器，机器学习算法能够实时收集土壤湿度、温度、光照强度等关键环境参数。这些数据经过机器学习模型的处理，可以精确反映农田的微观环境状况，为农民提供科学的灌溉、施肥建议。例如，智能灌溉系统利用机器学习预测植物的水分需求，实现按需灌溉，有效避免了水资源的浪费，提高了灌溉效率。

此外，机器学习在作物病虫害监测方面也发挥了重要作用。传统的病虫害监测依赖于人工巡查，不仅耗时费力，而且难以做到全面覆盖。而机器学习算法通过分析作物的图像、生理特征以及环境数据，能够实现对病虫害的早期预警。无人机和遥感技术结合机器学习，可以在大范围内进行高精度的病虫害侦察，快速生成病虫害分布图，帮助农民及时采取防治措施，有效降低了病虫害对农作物产量的影响。

机器学习还在农作物产量预测方面展现出了独特的优势。通过对历史气象数据、土壤条件、作物品种及历年产量等信息的综合分析，机器学习模型能够建立作物产量与各种影响因素之间的复杂关系。这种关系模型不仅可以帮助农民预测未来作物的产量，还能为农业资源的优化配置提供科学依据。例如，在化肥和农药的使用上，机器学习可以根据作物的实际需求，精准计算所需资源量，避免过度使用或浪费，实现农业的可持续发展。

4. 机器学习在灾害预警系统中的数据采集应用

机器学习在灾害预警系统中的数据采集应用，为提升灾害应对能力提供了强有力的技术支持。灾害预警系统通过集成气象卫星、地面观测站、社交媒体等多种数据源，利用机器学习算法对海量数据进行实时分析与处理，实现了对自然灾害的精准预测与快速响应。

在灾害预警的数据采集过程中，机器学习算法能够自动识别并提取关键信息，如气象卫星图像中的云图变化、地面观测站的气象数据以及社交媒体上的灾害相关报道。这些信息经过机器学习模型的深度挖掘，可以精准预测台风、暴雨、地震等自然灾害的发生概率、路径及可能的影响范围。例如，AI驱动的算法能够提前数小时至数天准确预报飓风的路径及强度变化，为沿海地区的居民和政府部门提供了充足的准备时间，有效减少了灾害带来的损失。

机器学习在灾害预警中的另一大应用是风险评估与区域划分。通过对历史灾害数据的分析与学习，机器学习模型能够识别出潜在的灾害风险点，并根据灾害发生的规律和特征，对特定区域进行风险评估。这种风险评估结果可以为政府部门的防灾规划提供科学依据，帮助其在高风险区域提前部署防灾措施，降低灾害发生的可能性及其影响程度。

在灾害发生后，机器学习还能迅速分析实时数据，为应急响应团队提供决策支持。通过整合来自不同渠道的信息，机器学习算法可以模拟不同的响应策略，帮助决策者选择最优方案，提高应急响应的效率和准确性。同时，机器学习还能自动生成灾害损失报告和恢复重建方案，为灾后恢复工作提供科学依据，加速灾区的重建进程。

第四章 数据处理技术基础

数据处理技术基础，作为信息技术领域的一门核心课程，扮演着连接数据与信息、知识与智慧的桥梁角色。在当今这个数据爆炸的时代，无论是商业决策、科学研究，还是日常生活，都离不开高效、准确的数据处理。本章将对数据处理技术的基础知识进行分析。

第一节 数据处理的基本概念与流程

一、数据处理的基本概念

数据处理是指对收集到的原始数据进行一系列的操作、转换和分析，以提取有用的信息的过程。这一过程涵盖了数据的清洗、整理、转换、存储、检索、分析和呈现等多个环节，旨在将原始数据转化为对业务决策有实际指导意义的结构化信息。数据处理技术是指对数据进行加工、转换、整合和优化的方法和工具，以从数据中提取有用的信息、知识和洞见。[1]

二、数据处理的流程

（一）数据处理的初步探索与理解

数据处理的第一步是对数据进行初步的探索与理解。在这一阶段，数据科学家或分析师需要对即将处理的数据集有一个全面的认识。这包括数据的来

---

[1] 薛达，韦艳宜，伏达，等．一本书读懂 AIGC：探索 AI 商业化新时代 [M]．北京：机械工业出版社，2024：31.

源、数据的格式、数据的大小以及数据的初步质量评估。通过浏览数据的头部和尾部记录，数据处理人员可以快速了解数据的结构特征，如字段名称、数据类型和是否存在缺失值。此外，使用统计摘要来概括数据的基本信息，如均值、中位数、标准差和四分位数，能够揭示数据的分布情况和可能的异常值。

在探索数据的过程中，可视化工具扮演着至关重要的角色。通过绘制直方图、箱线图和散点图等图表，数据处理人员可以直观地观察数据的分布形态、趋势和关联关系。这些图形不仅帮助数据处理人员快速识别数据中的模式和异常，还为后续的数据清洗和预处理步骤提供了方向。值得注意的是，这一阶段的数据探索应伴随着对数据背景和业务逻辑的理解，以确保数据分析的目标与业务需求相匹配。

（二）数据清洗与预处理

数据清洗与预处理是数据处理流程中的核心环节，直接关系到后续分析的准确性和效率。这一步骤旨在纠正或删除数据中的错误、缺失和不一致项，以及将数据转换成适合分析的形式。数据清洗通常包括处理缺失值、纠正错误数据、去除重复记录和处理异常值等任务。例如，对于缺失值，可以根据具体情况选择删除含有缺失值的记录、使用均值或中位数填充，或采用更复杂的插值方法。

预处理阶段则侧重于数据的转换和标准化，以确保不同来源或不同格式的数据能够在一个统一的框架下进行分析。这包括数据类型转换、数据缩放（如标准化或归一化）、编码分类变量为数值形式，以及创建新变量以捕捉数据中的潜在关系。例如，日期时间数据可能需要转换为特定的格式或分解为年、月、日等组成部分，以便于时间序列分析。通过预处理，数据变得更加整洁、一致且易于处理，为后续的数据分析和建模奠定了坚实的基础。

（三）特征工程与分析模型构建

特征工程是将原始数据转换为更有意义的特征或变量的过程，对于提高分析模型的性能和准确性至关重要。在这一阶段，数据处理人员需要运用领域知识和统计技术来识别、创建和选择那些对预测目标有显著影响的特征。特征选择旨在减少噪声和冗余，提高模型的泛化能力；特征构造则是基于现有数据创造新的特征，以捕捉数据中的复杂关系或非线性效应。

随后，根据分析目标选择合适的分析模型或算法。这可以是线性回归、逻辑回归等统计模型，也可以是决策树、随机森林、支持向量机或神经网络等机器学习模型。模型的选择应基于数据的特性、问题的复杂度和计算资源的限制。在模型训练之前，数据处理人员通常需要将数据集划分为训练集和测试集，以评估模型的性能并防止过拟合。通过交叉验证等技术，数据处理人员可以进一步优化模型的参数，提高其预测精度和稳定性。特征工程和模型构建是一个迭代的过程，需要不断地调整和优化，以达到最佳的分析效果。

（四）模型评估与优化

模型评估与优化是数据处理流程中不可或缺的一环，它确保了所构建的模型不仅能够在训练数据上表现良好，而且能够泛化到未见过的数据上。在这一阶段，利用之前划分好的测试集对模型进行评估，通过计算准确率、召回率、均方误差、均方根误差等指标来衡量模型的性能。这些指标提供了模型预测能力的直观反映，帮助分析师理解模型在不同场景下的表现。

若模型表现不佳，则需进行一系列的优化措施。这可能包括调整模型的参数、尝试不同的算法、增加更多的特征或改进特征工程的方法。对于过拟合问题，可以通过正则化技术、早停法或集成学习方法来缓解。同时，特征选择的重要性再次凸显，通过移除不相关或冗余的特征，可以减少模型的复杂度，提高泛化能力。

在优化过程中，数据处理人员还需要注意保持模型的解释性。尤其是在业务场景中，一个易于理解的模型往往比复杂但难以解释的模型更受欢迎。因此，在追求高性能的同时，数据处理人员也要权衡模型的复杂度和解释性，确保最终的模型既能满足业务需求，又能为决策提供清晰的依据。

（五）结果解释与报告撰写

数据处理流程的最后一环是将分析结果以清晰、准确的方式呈现给决策者或利益相关者。这包括撰写详细的分析报告，解释模型的假设、方法、结果和局限性。报告应包含必要的图表、统计摘要和案例分析，以便读者能够直观理解数据中的洞察和模型的预测能力。

在解释结果时，重要的是要区分相关性和因果性。即使模型显示某个特征与预测目标高度相关，也不能直接推断出因果关系，除非有额外的实验证据支持。因此，在报告中应谨慎使用"导致""影响"等词汇，避免误导读者。

此外，报告还应包含对模型不确定性和局限性的讨论。任何预测模型都存在误差，理解这些误差的来源和大小对于正确解读结果至关重要。报告应诚实地反映模型的表现，包括在哪些情况下模型可能失效，以及可能的改进方向。

第二节 数据清洗与预处理技术

一、数据清洗技术

(一) 缺失值处理

在数据清洗的过程中，缺失值的处理是至关重要的环节。缺失值不仅影响数据的完整性，还可能对后续的数据分析和建模产生误导。在处理缺失值时，需要分析和确定产生缺失值的原因，然后根据实际情况进行丢弃或填充，或者检修相应的传感器、线路等设备。①

1. 直接丢弃缺失值

直接丢弃含有缺失值的记录，是一种简单且直接的处理方法。这种方法适用于缺失值占整体数据量比例较低，且这些缺失值对数据整体分布和特征影响不大的情况。通过删除这些记录，数据处理人员可以减少缺失值对数据集的影响，提高数据的纯净度。然而，这种方法也存在明显的局限性。当缺失值占比较大，或者缺失值所在的数据记录具有显著的数据分布规律或特征时，直接丢弃会导致大量有用信息的损失，甚至可能导致模型欠拟合。因此，在使用这种方法时，数据处理人员需要谨慎评估缺失值对数据整体的影响，以及删除后可能带来的风险。

2. 补全缺失值

相对于直接丢弃，补全缺失值是一种更为常用的处理方法。补全缺失值可以保持数据的完整性，为后续的数据分析和建模提供更有价值的信息。补全缺失值的方法多种多样，包括统计法、模型法、专家补全等。

统计法是最常用的补全方法之一。对于数值型数据，可以使用均值、加权平均、中位数等方法进行补全；对于分类数据，则可以使用类别众数最多的值进行补全。这种方法简单易行，但可能引入误差，因为补全的值可能并不完全符合数据的真实分布。

模型法则基于已有的其他字段，将缺失字段作为目标变量进行预测，从而

---

① 董付国. 大数据的 Python 基础 [M]. 2版. 北京：机械工业出版社，2023：169.

得到最为可能的补全值。这种方法需要建立预测模型，并根据模型的预测结果进行补全。对于数值型变量，可以采用回归模型进行补全；对于分类变量，则可以采用分类模型进行补全。这种方法能够更准确地反映数据的真实分布，但需要更多的计算资源和时间。

专家补全则适用于少量且具有重要意义的数据记录。当数据集中存在少量缺失值，且这些缺失值对数据整体分析具有重要影响时，可以邀请领域专家进行补全。专家补全能够结合专业知识和经验，提高数据的准确性和可靠性。

3. 插值法处理缺失值

插值法是一种在数据清洗中常用于处理时间序列数据或具有某种趋势特征数据中的缺失值的方法。它基于数据点之间的某种假设关系，如线性关系、多项式关系等，来估算缺失值。

对于时间序列数据，线性插值是最常用的方法之一。它假设相邻数据点之间的变化是线性的，即数据随时间的变化率保持恒定。因此，数据处理人员可以通过连接相邻的已知数据点，形成一条直线，并根据这条直线在缺失值所在位置进行取值，从而得到缺失值的估算值。线性插值方法简单易行，且计算效率高，适用于数据变化趋势较为平稳的情况。

然而，当数据变化趋势较为复杂时，线性插值可能无法准确反映数据的真实分布。此时，可以考虑使用更高阶的多项式插值、样条插值或拉格朗日插值等方法。这些方法能够更好地拟合数据的变化趋势，提高插值的准确性。但需要注意的是，插值多项式的阶数不宜过高，否则可能会导致插值结果的不稳定，即"龙格现象"。

除了时间序列数据，插值法还可以应用于具有某种空间分布或趋势特征的数据中。例如，在地理空间数据中，数据处理人员可以使用反距离加权插值、克里金插值等方法来估算缺失值。这些方法考虑了数据点之间的空间距离和相关性，能够更准确地反映数据的空间分布特征。

插值法的优点在于它不需要额外的数据或模型来估算缺失值，而是基于已有的数据点之间的关系进行推算。这使得插值法在处理具有明显趋势或空间分布特征的数据时具有独特的优势。然而，插值法也存在一定的局限性。它假设数据点之间的关系是已知的，且这种关系在整个数据集中保持一致。但实际上，数据之间的关系可能是复杂的、非线性的，且可能受到多种因素的影响。因此，在使用插值法时，数据处理人员需要谨慎评估数据的特征和趋势，以确保插值结果的准确性和可靠性。

4. 多重填补法处理缺失值

多重填补法是一种更为复杂但更为准确的处理缺失值的方法。它基于贝叶斯统计理论，通过多次生成不同的填补数据集，并对每个填补数据集进行分析，最后综合各个填补数据集的结果来得到最终的结论。

多重填补法的核心在于它考虑了缺失值的不确定性。在填补缺失值时，它并不是简单地使用一个固定的值来替代缺失值，而是生成多个可能的填补值，并基于这些填补值构建多个填补数据集。这样做的好处是能够反映缺失值的不确定性对分析结果的影响，从而提高分析的准确性和可靠性。

在具体操作中，多重填补法通常包括以下几个步骤：首先，根据数据的特征和分布，选择合适的填补模型来生成填补值；其次，使用生成的填补值构建多个填补数据集；然后，对每个填补数据集进行分析，得到各自的分析结果；最后，综合各个填补数据集的结果，得到最终的结论。

多重填补法的优点在于它能够处理复杂的缺失数据问题，考虑了缺失值的不确定性对分析结果的影响。这使得多重填补法在处理具有大量缺失值或缺失值对分析结果具有重要影响的数据集时具有独特的优势。然而，多重填补法也存在一些局限性。它需要更多的计算资源和时间，因为需要生成多个填补数据集并进行分析。此外，多重填补法的结果可能受到填补模型选择的影响，因此需要谨慎选择合适的填补模型来确保结果的准确性和可靠性。

（二）异常值检测与处理

1. 异常值检测

在数据分析和挖掘的过程中，数据清洗是不可或缺的一环。其中，异常值检测是数据清洗的重要组成部分，旨在识别和处理那些与其他数据点显著不同的数据点，这些异常值可能源于各种误差或异常情况。异常值检测是指找出数据中是否存在不合理或错误的数据，可以通过设定筛选条件将不符合条件的数据进行筛选，并显示出来。[1]

（1）基于统计分布的异常值检测

基于统计的方法是指假设数据服从某种分布，通过数据可视化的方法发现偏离这种分布太大的样本点。[2] 统计方法是异常值检测的常用手段之一，其核心思想是通过分析数据的统计分布特征来识别异常值。其中，基于正态分布假设的 Z 分数检测是一种经典方法。该方法通过计算每个数据点与数据均值的偏离程度（即 Z 分数），来衡量其异常程度。若某数据点的 Z 分数绝对值超过设

---

[1] 北京大数据协会. 大数据分析实务初级教程：EXCEL 篇 [M]. 北京：中国统计出版社, 2022：59.

[2] 谢文伟, 印杰. 深度学习与计算机视觉：核心算法与应用 [M]. 北京：北京理工大学出版社, 2023：63.

定的阈值（通常为3），则被视为异常值。这种方法简单易行，适用于正态分布或近似正态分布的数据集。然而，对于非正态分布的数据集，Z分数检测的效果可能不佳。

另一种常见的统计方法是IQR（Interquartile Range，四分位距）检测。该方法通过计算数据的四分位数，确定数据分布的上限和下限，然后识别那些超出这些界限的数据点为异常值。IQR检测对数据分布的要求较低，能够适用于各种类型的数据集。然而，IQR检测也存在一定的局限性，如对于数据分布极度偏斜或存在多个峰值的情况，IQR检测可能无法准确识别所有异常值。

（2）基于机器学习的异常值检测

随着机器学习技术的发展，越来越多的方法被应用于异常值检测中。聚类算法是其中的一种代表性方法。聚类算法通过将数据点划分为不同的群集，然后分析每个群集的特征来识别异常值。例如，DBSCAN（Density-Based Spatial Clustering of Application with Noise）算法是一种基于密度的聚类算法，能够识别出数据中的密集区域和稀疏区域，从而将稀疏区域中的数据点视为异常值。这种方法适用于多维数据的异常检测，能够发现数据中的潜在模式和结构。然而，聚类算法的效果受到数据集大小和分布特性的影响，对于大规模数据集或分布不均匀的数据集，聚类算法可能需要较长的计算时间和较多的计算资源。

除了聚类算法，孤立森林算法也是一种有效的异常值检测方法。孤立森林算法通过随机选择特征和分割值来构建多棵决策树，然后计算每个数据点在这些决策树中的路径长度来评估其异常程度。路径长度越短的数据点越可能是异常值。这种方法具有计算效率高、适用于大规模数据集和能够处理多维数据的优点。然而，孤立森林算法对于某些特定类型的异常值（如全局异常值和局部异常值）的识别效果可能存在差异。

2. 异常值处理

异常值处理是数据清洗的另一个重要环节。处理异常值的策略包括删除、修正和替换等。这些策略的选择需要根据数据的特性和异常值的性质来决定。

删除异常值是一种简单直接的处理方法。当异常值是由于数据录入错误或测量错误导致时，可以考虑直接删除这些异常值。然而，删除异常值可能会影响数据的完整性和代表性，因此需要谨慎处理。在确定删除异常值时，应先设定合理的阈值，并使用统计方法或机器学习算法来识别异常值。同时，应记录删除的数据点和删除的原因，以便后续分析和可追溯性。

修正异常值是一种旨在保留数据点并降低异常值对分析结果影响的方法。当异常值是真实存在的、但对数据分析或建模有不利影响时，可以考虑使用替代值来代替异常值。常用的替代值包括中位数、均值、众数等，也可以使用插值方法来估算异常值。修正异常值的关键在于选择合适的替代值，以确保替代值能够尽可能地保留原始数据的特征和信息。

替换异常值是一种更为灵活的处理方法。它允许在不删除异常值的情况下，通过替换异常值为更合理的值来降低异常值对分析结果的影响。替换值的选择可以基于数据的分布特征、领域知识或特定算法来确定。例如，可以使用相邻时间点的数据或相关变量的数据来替代异常值，或者使用基于机器学习的预测模型来估算异常值。替换异常值后，数据处理人员应重新评估数据的分布和统计性质，以确保处理后的数据更符合预期。

（三）重复值识别与去重

1. 重复值识别

在数据清洗过程中，重复值识别是一个至关重要的环节。重复值指的是在数据集中出现了多次的相同或近似相同的数据点，这些数据点可能会增加数据存储的冗余，还可能对数据分析结果产生误导。重复值的产生有多种原因，如数据采集过程中的重复输入、数据合并时的重叠或错误、数据传输中的重复等。

在识别重复值时，数据处理人员要明确数据集中的重复类型。第一种类型是数据值完全相同的多条数据记录，即数据集中的两条或多条记录在所有关键字段上的值都完全相同，这是最常见的数据重复情况。第二种类型是数据主体相同但匹配到的唯一属性值不同，这种情况多见于数据仓库中的变化维度表，同一个事实表的主体会匹配到多个不同的属性值，但这些属性值的不同并不影响它们代表同一数据主体的本质。

在识别这些重复值时，数据处理人员可以采取基于行比较和基于列比较的方法。基于行比较的方法是通过逐行比较数据集中的每一条记录，查找是否存在完全相同的行，这种方法简单直接，适用于数据量较小且结构相对简单的情况。基于列比较的方法在处理大型数据集或者高维数据时特别有效，因为它可以降低比较的时间复杂度，通过指定要比较的列（字段），只关注这些列上的值是否相同。

识别重复值后，数据处理人员需要与业务专家合作，了解哪些重复值是业务逻辑所允许的，哪些是需要清除的。例如，在某些业务场景中，相同的订单号可能因为订单状态的更新而多次出现，这种重复是有意义的；而在其他场景中，如客户信息的重复录入，则需要进行去重处理。因此，在识别重复值的过程中，理解业务背景和数据使用场景是至关重要的。

2. 去重处理

去重处理是数据清洗中针对重复值的主要解决策略。在确定了数据集中的重复值后，去重处理旨在保留唯一的数据记录，以降低数据存储的冗余，提高数据分析的准确性。

去重处理的方法多种多样，取决于重复值的类型和数据的结构。对于数据值完全相同的多条数据记录，通常采用直接去重的方式，即保留其中一条记录，删除其余重复的记录。在选择保留哪条记录时，数据处理人员可以根据业务需求或数据特点来决定保留第一条、最后一条还是其他特定条件的记录。

二、数据预处理技术

根据数据挖掘的需求，将相关的多源数据集成融合后，需要进行多种数据预处理操作。[①]

（一）数据预处理技术的概念

数据预处理技术是指在主要的数据处理或分析任务之前，对原始数据进行一系列必要的操作和处理的技术。这些操作旨在提高数据的质量和可用性，为后续的数据挖掘、机器学习或数据分析任务奠定坚实的基础。

数据预处理技术涵盖了多个方面，包括数据清洗、数据集成、数据转换和数据归约等。数据清洗主要处理数据中的缺失值、异常值、重复值和噪声等问题，以确保数据的准确性和一致性。数据集成则是将来自不同数据源的数据进行合并和整合，以消除数据冗余和重复，提高数据的完整性和可用性。数据转换则涉及对数据进行格式转换、单位统一、数据离散化或归一化等操作，以适应后续分析任务的需求。数据归约则是通过降维技术减少数据的复杂性，提高数据处理的效率。

（二）数据预处理技术的作用

1. 提升数据质量

数据预处理技术对于提升数据质量至关重要。在数据分析与机器学习的初始阶段，数据往往来自多个不同来源，其格式、质量和完整性参差不齐。数据预处理技术能够系统地清理和整理这些数据，剔除错误和异常值，填充缺失数据，以及进行必要的数据转换，使得数据更加规范化和标准化。这一系列操作

---

① 陈燕，屈莉莉. 数据挖掘技术与应用 [M]. 大连：大连海事大学出版社，2020：32.

有助于消除数据中的噪声，减少后续分析过程中的误差和不确定性。通过数据预处理，数据处理人员能够显著提升数据的准确性和一致性，为后续的数据分析和建模提供可靠的基础。

在实际应用中，数据清洗是预处理的重要一环。例如，在处理销售数据时，数据处理人员可能会遇到重复订单、无效客户编号或错误的价格信息。通过数据预处理技术，数据处理人员可以自动识别并删除这些无效或错误的记录，从而确保数据的真实性和可靠性。此外，对于缺失值的处理也是数据预处理中的一项关键任务。对于关键变量的缺失值，数据处理人员可以采用均值填充、插值法或基于机器学习算法的预测值填充，以确保数据的完整性。

2. 增强模型性能

数据预处理技术不仅关乎数据质量，还直接影响到机器学习模型的性能。预处理过程包括特征选择、特征缩放、数据变换等步骤，这些步骤对于构建高效、准确的预测模型至关重要。特征选择技术能够帮助筛选出最具代表性的特征，减少冗余信息，从而降低模型的复杂度，提高运算效率。特征缩放则能确保所有特征在相同尺度上，避免某些特征因数值范围过大而主导模型训练过程，提升模型的稳定性和泛化能力。

在分类和回归任务中，数据预处理对模型性能的影响尤为显著。例如，在使用支持向量机进行分类时，未经过特征缩放的数据可能导致模型过度关注数值范围较大的特征，而忽视其他重要特征。通过特征缩放，可以使所有特征在模型中享有平等的权重，从而提高分类的准确性。此外，数据变换技术能够改善数据的分布特性，使其更符合模型的假设条件，进一步提升模型的预测效果。

3. 优化数据探索与可视化

数据预处理在优化数据探索和可视化方面也发挥着不可或缺的作用。在数据科学项目中，数据探索是理解数据特性、发现潜在规律的重要步骤。预处理技术能够帮助整理数据，使其更易于理解和分析。例如，通过数据转换和标准化，可以消除不同特征之间的量纲差异，使得数据点在图表上的分布更加均匀，便于观察和分析数据之间的关联性。

在数据可视化过程中，预处理技术同样扮演着重要角色。对于高维数据，通过降维技术可以将数据从高维空间映射到低维空间，从而便于在二维或三维空间中直观展示数据的结构和分布。这种降维处理不仅有助于快速识别数据中的聚类、趋势和异常点，还能提高可视化效果，使复杂数据集的解读变得更为直观和清晰。通过数据预处理，可以使得数据探索与可视化过程更加高效和有效，为数据分析和决策提供有力支持。

4. 促进算法收敛与提高训练效率

在机器学习和深度学习领域，数据预处理技术对于促进算法快速收敛和提高训练效率具有关键作用。原始数据往往包含大量噪声和冗余信息，这些信息不仅会增加计算复杂度，还可能导致算法陷入局部最优解，影响模型的最终性能。通过数据预处理，如特征选择、特征缩放和标准化，数据处理人员可以有效减少数据的维度和复杂性，使得算法在训练过程中能够更快地找到全局最优解。

特征选择技术通过评估每个特征对模型性能的贡献度，筛选出最具信息量的特征子集，从而降低了模型的输入维度，减少了计算量。这不仅加速了算法的收敛速度，还提高了模型的泛化能力。特征缩放技术能够确保所有特征在相同的尺度上，避免了某些特征因数值范围过大而主导模型训练过程。这种平衡性有助于算法在训练时更加平稳地更新参数，提高了训练效率和模型稳定性。

此外，数据预处理中的噪声去除技术，如平滑滤波或异常值检测与替换，能够减少数据中的随机波动和离群点，使得数据更加平滑和连续，有助于算法更准确地捕捉数据中的潜在规律。这些预处理步骤共同作用下，为机器学习算法提供了一个更加清晰、有序的数据环境，促进了算法的快速收敛和高效训练。

5. 提升模型解释性

数据预处理技术在提升机器学习模型的解释性方面也发挥着重要作用。在模型部署和应用阶段，模型的解释性对于决策者理解模型决策依据、评估模型风险和进行模型调优至关重要。通过数据预处理，如特征工程和数据可视化，数据处理人员可以使得模型输入更加直观和易于理解，从而增强了模型的透明度和可解释性。

特征工程不仅关注特征的选择和缩放，还涉及特征的构造和组合，以创建更具解释性的新特征。例如，在金融风控领域，通过将原始的时间序列数据转换为统计特征（如均值、方差、最大最小值等），可以使得模型在预测违约风险时更加直观和易于解释。这些统计特征反映了借款人的行为模式和信用状况，为决策者提供了明确的决策依据。

数据可视化技术也是提升模型解释性的有效手段。通过将预处理后的数据以图表、图像等形式呈现，数据处理人员可以直观地展示数据分布、特征关系和模型预测结果。这种可视化方式有助于决策者快速理解数据特征和模型性能，发现潜在问题和改进方向。

6. 保障数据隐私与安全

在大数据和云计算时代，数据隐私与安全成为数据预处理技术不可忽视的重要方面。原始数据中往往包含敏感信息，如个人隐私、商业秘密等，这些信息一旦泄露或被滥用，将给个人和组织带来严重的法律和道德风险。通过数据预处理技术，如数据脱敏、数据匿名化和数据加密，可以有效保护数据隐私和安全，降低数据泄露的风险。

数据脱敏技术通过对敏感数据进行模糊化、泛化或替换等操作，使得数据在不失去原有价值的前提下，无法直接识别出具体个体或组织。这种脱敏处理既保护了数据隐私，又保留了数据用于分析和建模的效用。数据匿名化技术则通过移除或替换数据中的标识符信息，使得数据无法与具体个体或组织相关联，从而降低了数据泄露后带来的风险。

数据加密技术为数据在存储和传输过程中的安全提供了有力保障。通过对敏感数据进行加密处理，数据处理人员可以确保数据在未经授权的情况下无法被访问或篡改。在数据预处理阶段，数据处理人员采用先进的加密算法和技术，如对称加密、非对称加密或同态加密等，可以对数据进行安全保护，确保数据在后续的分析和处理过程中始终保持机密性和完整性。这些预处理措施共同为数据的隐私保护和安全使用提供了有力支持，促进了数据科学领域的健康发展。

第三节 数据转换与格式处理

一、数据转换

(一) 数据转换的概念

数据转换（Data Transformation）就是通过平滑处理、统计转换、数据抽象、类型转换、归一化处理和特征构造等方式将原始数据集转换为新的数据集，与原始数据集相比，新的数据集有更高的质量和更好的辨识度，更有利于模型的训练。[1]

---

[1] 谢文伟，印杰. 深度学习与计算机视觉：核心算法与应用 [M]. 北京：北京理工大学出版社，2023：66.

（二）数据转换的意义

数据必须被转换，以使其（通过系统）具备一致性和可读性。[1] 数据转换的意义具体如下。

1. 提升数据质量

数据转换是数据处理中的一项核心任务，其意义在于显著提升数据的质量。在原始数据集中，往往存在错误、重复、冗余或缺失的信息，这些问题严重阻碍了后续的数据分析和应用。通过数据转换，可以对原始数据进行一系列的清洗操作，例如去除重复记录、填补缺失值、纠正错误数据以及删除异常值。这些操作确保数据的准确性和完整性，为后续的数据分析提供了可靠的基础。此外，数据转换还能对数据进行标准化处理，例如统一日期格式、数值类型等，从而增强数据的一致性和可比性。这种高质量的数据不仅提升了数据分析的准确性，也为企业决策提供了有力的支持。

2. 提高数据处理效率

在数据处理过程中，原始数据的格式和结构往往并不适合直接用于分析或建模。数据转换能够将数据转换为更适合后续处理的格式或结构，从而大幅提高数据处理的效率。例如，将复杂的嵌套数据结构拆分为扁平化的数据结构，可以简化数据处理流程，减少计算复杂度。同时，数据转换还能通过数据聚合操作，将分散的数据整合为更有价值的信息，如计算销售总额、统计用户行为模式等。这些操作不仅提升了数据处理的效率，也为数据分析和挖掘提供了更为丰富的素材。此外，数据转换还能根据分析需求，灵活调整数据的格式和结构，从而满足多样化的分析需求，提高数据处理的灵活性和适应性。

3. 促进数据集成与共享

数据转换在促进数据集成与共享方面发挥着不可或缺的作用。在企业内部，不同系统、不同部门之间往往存在数据孤岛问题，这些数据孤岛中的数据格式和结构各异，难以进行统一管理和分析。数据转换能够打破这些孤岛，实现数据的无缝集成和共享。通过数据转换，可以将不同来源、不同格式的数据转换为统一的格式和结构，从而便于数据的集中管理和分析。这种集成化的数据管理不仅提高了数据的利用率，也为企业决策提供了更为全面的视角。同时，数据转换还能解决数据格式过时的问题，将旧格式的数据转换为新格式，确保数据的可访问性和安全性。此外，数据转换还能根据业务需求，对数据进

---

[1] ［美］希拉格·沙阿. 数据科学：基本概念技术及应用 [M]. 北京：机械工业出版社，2023：39.

行定制化的转换和处理，从而满足特定的分析或应用需求，推动数据的深度利用和价值挖掘。

（三）数据转换的步骤

1. 数据发现与初步分析

数据转换的第一步是数据发现与初步分析。在这一阶段，数据处理人员要利用数据分析工具或手动分析脚本来深入探索和理解数据的特征和结构。这一过程通常涉及数据的预览、统计摘要、数据分布分析以及数据质量评估。通过这一步骤，可以识别出数据中的潜在问题，如缺失值、异常值、数据不一致性等。同时，数据发现阶段还需要确定数据转换的目标和规则，比如哪些字段需要映射、连接、聚合或过滤，以及这些操作的具体实现方式。这一步骤通常需要借助数据映射软件的帮助，以便更高效地进行数据结构和字段的映射。数据发现不仅为后续的数据转换提供了基础，还确保了转换后的数据能够满足特定的业务需求和分析目的。

2. 数据抽取与预处理

数据转换的下一步是数据抽取与预处理。在这一阶段，数据从原始来源中被提取出来，这些来源可能包括数据库、文件系统、APIs等。数据抽取过程中，数据通常保持其原始格式，但会根据预设的规则进行筛选和过滤，以确保只提取出与转换目标相关的数据。预处理步骤则涉及对提取出的数据进行清洗，包括去除重复记录、纠正错误和不一致的数据、补齐缺失的数据等。这一步骤的目标是提升数据质量，为后续的数据转换和分析打下坚实的基础。预处理还可能包括数据的格式转换，如将日期、时间、货币等字段转换为统一的格式，以及数据的标准化处理，如将文本数据转换为小写或去除特殊字符等。预处理步骤的完成标志着数据已准备好进入下一阶段的转换。

3. 数据转换与格式化

数据转换的核心步骤是数据转换与格式化。在这一阶段，根据之前确定的数据转换规则和目标，对预处理后的数据进行实际的转换操作。数据转换可能涉及数据类型的转换，如将字符串转换为数字，或将日期字段转换为时间戳；也可能涉及数据结构的调整，如将宽表转换为长表，或将层次化数据扁平化；还可能涉及数据的编码转换，如将不同语言或编码体系下的数据统一为同一种标准。格式化步骤则关注于确保转换后的数据符合目标系统或应用的格式要求，这可能涉及数据的对齐、填充、截断等操作。数据转换与格式化步骤的完成，意味着数据已经成功地从原始形态转换为目标形态，准备好被加载到目标系统中进行进一步的分析或应用。

二、数据格式处理

数据是自然或社会现象的一种抽象反映形式,为了使数据能够正确反映自然或社会现象,必须按照一定的方式将数据组织起来。某一特定的数据组织方式能够反映某一特定的自然或社会现象,这种数据组织方式就称为反映该种自然或社会现象的数据格式。[1]

(一)数据格式处理的重要性

1. 提升数据处理效率

在数字化时代,数据已成为企业运营决策的核心资源。数据格式处理作为数据处理的首要环节,其重要性不言而喻。高效、准确的数据格式处理能够显著提升数据处理的效率。当数据以统一、规范的格式呈现时,数据处理系统能够更快速地识别、解析和存储数据,减少了因格式不一致而导致的额外处理时间和成本。

在数据分析过程中,格式规范的数据能够无缝对接各种分析工具,如Excel、Python、R等,这些工具能够基于统一的数据格式进行高效的数据清洗、转换和建模。相比之下,格式混乱的数据往往需要花费大量的时间和精力进行预处理,这不仅降低了分析效率,还可能因处理不当而引入误差。

此外,在数据共享和交换方面,统一的数据格式也至关重要。不同系统、不同部门之间的数据往往存在格式差异,若不进行格式处理,将难以实现数据的无缝对接和共享。而通过数据格式处理,数据处理人员可以将数据转换为各方都能理解和接受的标准格式,从而加快数据流通速度,提升整体工作效率。

2. 保障数据质量

数据质量是数据分析结果准确性的基石。数据格式处理作为数据质量保障的重要环节,对于提升数据质量具有至关重要的作用。在数据采集、存储和传输过程中,由于各种原因,数据可能会出现缺失、重复、错误等问题。这些问题如果得不到及时处理,将严重影响数据分析结果的准确性。

通过数据格式处理,数据处理人员可以对数据进行全面的清洗和校验。例如,可以检查数据中的缺失值、重复值和异常值,并根据业务规则进行填补、删除或修正。同时,还可以对数据中的字符编码、日期格式等进行统一处理,确保数据的准确性和一致性。这些操作能够显著提升数据质量,为后续的数据

---

[1] 王煜,黄先辉,张军. 矿山激电测深数据格式解析及数据处理[J]. 世界有色金属,2018(4).

分析提供可靠的基础。

此外，数据格式处理还能够有效防止数据泄露和篡改。通过对数据进行加密、签名等处理，数据处理人员可以确保数据在传输和存储过程中的安全性和完整性。这对于保护企业核心数据资产、维护客户隐私具有重要意义。

3. 促进数据应用创新

随着大数据、人工智能等技术的不断发展，数据应用创新已成为推动企业转型升级的重要动力。而数据格式处理作为数据应用的基础支撑，对于促进数据应用创新具有不可替代的作用。

在大数据领域，数据格式处理能够帮助企业实现数据的快速整合和分析。通过将不同来源、不同格式的数据进行统一处理，数据处理人员可以形成更加全面、准确的数据视图，为企业的决策提供有力支持。同时，数据格式处理还能够提升大数据平台的性能和稳定性，为大数据应用的深入发展提供坚实保障。

在人工智能领域，数据格式处理同样至关重要。人工智能算法需要基于大量、高质量的数据进行训练和优化。而数据格式处理能够确保输入数据的一致性和准确性，从而提升算法的训练效果和预测精度。此外，通过数据格式处理，数据处理人员还可以将复杂的数据结构转换为算法能够理解和处理的格式，进一步拓展人工智能的应用场景和范围。

（二）数据格式处理的方式

1. 标准化与规范化

在数据处理与分析的广阔领域中，标准化与规范化构成了数据格式处理的基础框架。这一方法的核心在于确保数据的一致性和可比性，为后续的数据操作和分析奠定坚实的基础。标准化涉及将数据转换为预定义的格式或单位，比如日期格式的统一（YYYY-MM-DD）、货币单位的统一（如全部转换为美元）等。这一过程不仅提升了数据的可读性，还极大地简化了跨系统、跨平台的数据交换。

规范化则侧重于消除数据中的冗余和不一致性，通过定义明确的规则来清洗和转换数据。例如，对于地址信息，可以通过建立地址字典，将各种表述形式的街道名称、城市名标准化，避免因拼写差异造成的重复记录问题。此外，规范化还包括处理缺失值、异常值，以及数据的类型转换（如将文本型的数字转换为数值型），这些步骤都是确保数据质量的关键。

实施标准化与规范化的过程中，数据处理人员需依据业务需求和数据分析目标，细致地制定转换规则，并利用编程语言或数据处理工具执行这些规则。

这一过程要求数据处理人员对数据有深入的理解，同时具备良好的编程和数据操作技能，以确保转换的准确性和效率。

2. 数据映射与转换

数据映射与转换是另一种关键的数据格式处理方式，它侧重于在保持数据语义完整性的前提下，将数据从一种结构或格式转换为另一种。这一过程在数据集成、数据迁移及 API 接口对接等场景中尤为重要。数据映射阶段，数据处理人员需明确源数据与目标数据之间的字段对应关系，这包括但不限于字段名称、数据类型、数据长度的匹配。

转换阶段则依据映射规则，利用 ETL（Extract，Transform，Load）工具或编写脚本执行实际的数据转换操作。转换可能涉及数据类型转换（如整数转浮点数）、数据格式调整（如日期格式转换）、数据拆分或合并（如将复合字段拆分为多个字段）、数据编码转换（如 UTF-8 转 GBK）等。复杂的数据转换还可能包含业务逻辑的应用，如根据特定条件对数据进行筛选、排序或计算。

执行数据映射与转换时，数据处理人员需确保转换逻辑的正确性，以及转换前后数据的一致性和完整性。这通常需要对源数据和目标系统进行详尽的分析，设计周密的转换方案，并进行充分的测试验证。此外，考虑到数据量和转换复杂度的差异，数据处理人员还需合理规划转换任务的执行顺序和资源分配，以优化处理效率。

第四节　数据集成技术

一、数据集成概述

（一）数据集成的概念

数据集成是在数字化开发环境中进行可靠性设计与分析的重要基础。[①] 数据集成是一个综合性的数据处理过程，它涉及将来自不同来源、格式和结构的数据进行合并、转换和统一，以形成一个连贯、一致且易于分析的整体数据

[①] 任羿，孙博，冯强，等. 可靠性设计分析基础 [M]. 2 版. 北京：北京航空航天大学出版社，2023：329.

集。这个过程在数据分析和大数据处理中扮演着至关重要的角色，因为它能够解决数据孤岛问题，提高数据的可用性和价值。

（二）数据集成的特点

数据集成是将多文件或多数据库运行环境中的异构数据进行合并处理。[①]数据集成具有以下特点。

1. 数据集成的多样性融合特性

数据集成在数据处理领域展现出了其独特的多样性融合特性。这一特性主要体现在它能够处理并融合来自不同源头、不同格式以及不同结构的数据。在实际应用中，数据可能来源于关系型数据库、非关系型数据库、文件服务器、云存储平台，甚至是社交媒体和物联网设备等。数据集成技术通过一系列复杂的转换和映射过程，将这些多样化的数据源进行统一处理，使得它们能够在同一个平台上被访问和分析。

这种多样性融合不仅要求技术上的灵活性，还需要对数据的语义和上下文有深入的理解。例如，在处理来自不同业务系统的数据时，数据集成需要能够识别并转换这些系统中的专有术语和编码规则，以确保数据的一致性和准确性。此外，对于非结构化数据（如文本、图像和音频）的处理，数据集成技术还需要借助自然语言处理、图像识别等先进技术，以实现数据的有效提取和转换。

在多样性融合的过程中，数据集成还面临着数据质量、数据安全和隐私保护等方面的挑战。为了确保数据的准确性和可靠性，数据集成技术需要采用数据清洗、去重、补全等预处理手段，以提高数据的质量。同时，在数据传输和存储过程中，数据集成还需要采取加密、访问控制等安全措施，以保护数据的机密性和完整性。

2. 数据集成的实时性与动态性

数据集成在数据处理过程中还表现出了显著的实时性与动态性。随着大数据和云计算技术的快速发展，数据的产生和更新速度越来越快，对数据集成的实时性要求也越来越高。数据集成技术需要能够实时地捕获、处理和集成来自不同数据源的数据，以确保数据的时效性和准确性。

为了实现实时性，数据集成技术通常采用流式数据处理和事件驱动架构。流式数据处理允许数据在产生的同时就被捕获和处理，而事件驱动架构则能够

[①] 梁馨予，方锐，甘青山，等. 新型配电网大数据集成技术与应用 [J]. 电力大数据，2022，25 (7)：53-61.

根据数据的变化触发相应的处理流程。这些技术使得数据集成能够实时地反映数据的最新状态，为业务决策和实时分析提供有力的支持。

除了实时性外，数据集成还具有动态性。这意味着数据集成系统需要能够适应数据源和数据结构的变化。在实际应用中，数据源可能会增加或减少，数据结构也可能会发生变化。数据集成技术需要能够灵活地调整处理流程，以适应这些变化，确保数据的连续性和一致性。

为了实现动态性，数据集成技术通常采用元数据管理和数据模型映射等手段。元数据管理能够捕获和存储关于数据源和数据结构的详细信息，为数据集成提供必要的上下文信息。而数据模型映射则能够将不同数据源的数据结构进行转换和映射，以实现数据的无缝集成。这些技术使得数据集成系统能够灵活地应对数据源和数据结构的变化，确保数据的连续性和一致性。

二、数据集成技术对数据处理的作用

（一）提升数据质量与效率

数据集成技术可以显著提升数据的质量。在复杂多变的数据环境中，数据来源广泛且格式多样，这往往导致数据存在不一致性、冗余和错误等问题。数据集成技术通过数据清洗、转换和映射等过程，能够有效整合这些异构数据，确保数据的准确性、完整性和一致性。例如，通过定义统一的数据标准和格式，数据集成技术可以消除不同系统间的数据差异，使得数据在跨平台、跨系统流动时保持一致性。此外，该技术还能识别并纠正数据中的错误和异常值，如缺失值填充、重复数据去重等，从而大幅提升数据质量，为后续的数据分析、挖掘和应用奠定坚实基础。

（二）深化数据处理效率与自动化

在提升数据处理效率方面，数据集成技术同样展现出显著优势。面对海量数据的处理需求，传统的人工方式不仅耗时费力，而且容易出错。数据集成技术通过自动化流程，实现了数据从收集、整合到存储和分析的全过程自动化管理。这极大地缩短了数据处理周期，提高了工作效率。同时，该技术还能够智能识别数据间的关联性和依赖性，优化数据处理路径，减少不必要的计算和资源消耗。例如，在数据仓库构建过程中，数据集成技术能够自动抽取、转换和加载数据，实现数据的快速集成和更新，为决策支持系统提供实时、准确的数据支持。这种高效的数据处理能力，使得企业能够更快速地响应市场变化，抓住商业机遇。

(三) 促进数据价值的最大化利用

数据集成技术对于数据价值的挖掘和利用也具有重要意义。在数据孤岛现象普遍存在的今天，不同部门、不同系统间的数据往往难以共享和协同，导致数据价值被严重低估。数据集成技术通过打破数据壁垒，实现数据的互联互通，使得数据能够在更广泛的范围内被访问和利用。这不仅促进了数据资源的优化配置，还激发了数据创新的活力。企业可以利用集成后的数据，进行更深入的数据分析和挖掘，发现隐藏的规律和趋势，为产品优化、市场策略调整等提供科学依据。同时，数据集成技术还支持数据的可视化展示，使得复杂的数据信息以直观、易懂的形式呈现出来，进一步提升了数据的可读性和可用性，促进了数据价值的最大化利用。

三、数据集成技术在数据处理中的应用

(一) 数据集成技术在企业内部数据整合中的应用

数据集成技术，作为数据处理领域的关键工具，其在企业内部数据整合方面发挥着举足轻重的作用。企业日常运营中，各个部门、系统间产生的数据量庞大且格式多样，这些数据往往分散存储，形成了数据孤岛，阻碍了信息的流通与利用。数据集成技术的引入，恰如一座桥梁，将这些分散的数据孤岛连接起来，实现了数据的统一管理和高效利用。

在企业内部，数据集成技术通过识别、抽取、转换和加载等流程，将不同来源、格式和结构的数据整合到统一的存储介质中。这一过程不仅解决了数据格式不一致的问题，还通过数据清洗和标准化处理，提高了数据的质量和可用性。整合后的数据，形成了一个全面的企业数据视图，为企业决策提供了更为准确、全面的信息支持。

此外，数据集成技术还促进了企业内部各部门之间的数据共享和协作。以往，由于数据孤岛的存在，部门间信息流通不畅，导致决策效率低下。而数据集成技术的应用，打破了这一壁垒，使得各部门能够轻松访问和共享所需数据，促进了部门间的协同工作，提高了整体运营效率。

更重要的是，数据集成技术为企业提供了数据治理的基础。通过对数据的整合和管理，企业能够建立起一套完善的数据治理体系，确保数据的准确性、一致性和安全性。这不仅有助于提升企业的数据管理能力，还为企业的数字化

转型和智能化升级奠定了坚实基础。

(二) 数据集成技术在大数据处理和分析中的应用

在大数据处理和分析的广阔领域中，数据集成技术扮演着至关重要的角色。这一技术的主要功能是将来自不同来源、格式和结构的数据整合到一个统一视图中，为大数据分析提供坚实的基础。

大数据的特点在于其规模庞大、来源广泛、类型多样，这使得数据集成变得尤为复杂。数据集成技术通过一系列操作，如数据清洗、数据抽取、数据转换和数据同步复制，将原本分散的数据聚合在一起，形成一个完整的数据集。这一过程不仅提高了数据的准确性和完整性，还消除了不同来源数据之间的差异和不一致性，为后续的数据分析提供了可靠的数据源。

在大数据分析中，数据集成技术的重要性不言而喻。它支持更深入的数据挖掘和分析，帮助企业和组织从海量数据中提取有价值的信息。通过数据集成，企业可以快速获取所需的信息，支持实时决策制定，从而提高决策效率。此外，数据集成技术还为商业智能应用提供了统一的数据基础，使得企业能够更全面地了解市场动态和客户需求，为业务增长和创新提供有力支持。

数据集成技术还推动了大数据在各个领域的应用和发展。在医疗健康领域，通过集成来自不同医疗系统的数据，可以实现对患者健康状况的全面监测和分析，提高诊疗效率和准确性。在金融领域，数据集成技术帮助金融机构整合来自不同渠道的数据，提升风险管理和客户服务水平。在智慧城市建设中，数据集成技术为城市交通、环境监测、公共服务等领域提供了全面的数据支持，推动了城市的智能化发展。

(三) 数据集成技术在物联网数据处理中的应用

物联网作为新一代信息技术的重要组成部分，通过连接各种智能设备和传感器，实现了物物相连、物人相连的目标。在物联网数据处理中，数据集成技术同样发挥着关键作用。

物联网中的数据具有异质性、噪声、多样性和快速增长性等特点，这使得数据集成变得更具挑战性。数据集成技术通过构建统一的数据视图，将来自不同传感器和设备的数据进行整合，揭示了数据之间的联系，挖掘了数据的潜在价值。这一过程为物联网数据的分析和应用提供了有力支持。

在物联网应用中，数据集成技术促进了智能设备之间的协作和通信。通过集成来自不同设备和传感器的数据，可以实现对智能环境的全面监测和控制，提高设备的运行效率和安全性。例如，在智能家居系统中，数据集成技术将来自安防系统、照明系统、温控系统等的数据进行整合,实现了对家居环境的智能化管理。

数据集成技术还推动了物联网在智慧城市、智能交通、智能电网等领域的应用。通过集成来自不同领域的数据,可以实现对城市运行状态的全面监测和分析,为城市管理和决策提供了科学依据。在智能交通领域,数据集成技术将来自交通监控、车辆定位、路况监测等系统的数据进行整合,提高了交通管理的智能化水平。在智能电网中,数据集成技术将来自发电、输电、配电等环节的数据进行整合,实现了对电网运行状态的实时监测和优化。

第五章　数据挖掘与数据分析技术

随着信息技术的飞速发展，数据已成为现代社会的核心资源。从商业决策到科学研究，数据无处不在地渗透并影响着我们的生活。数据挖掘与数据分析技术，正是为了应对数据爆炸式增长而诞生的关键工具。本章将对数据挖掘与数据分析技术进行分析。

第一节　数据挖掘技术

一、数据挖掘概述

（一）数据挖掘的概念

数据挖掘就是从大量的、不完全的、有噪声的、模糊的、随机的实际应用数据中，提取隐含在其中的、人们事先不知道但又有潜在用途的信息和知识的过程。[1]

（二）数据挖掘的发展历程

1. 数据挖掘的萌芽与早期探索

数据挖掘的起源可以追溯到20世纪60年代，当时主要集中在统计学和模式识别领域。在这一时期，数据挖掘的概念尚未明确形成，但相关的技术和理论已经开始萌芽。随着计算机技术的初步发展，人们开始尝试利用计算机存储和处理数据，为后续的数据挖掘奠定了基础。然而，此时的数据处理规模相对

---

[1] 张荣静，卫强. 智能化时代下的智能财务建设研究 [M]. 延吉：延边大学出版社，2023：153.

较小，主要依赖于传统的统计方法和简单的算法，如回归分析和聚类分析。这些方法虽然在小规模数据集上表现良好，但面对大规模和复杂的数据时显得力不从心。

进入20世纪80年代，计算机硬件和数据库技术取得了显著进步，为数据挖掘的发展提供了新的契机。数据库管理系统的普及使得大规模数据存储和管理成为可能，为数据挖掘提供了丰富的数据源。在这一阶段，研究者们开始探索如何从庞大的数据集中提取有价值的信息，数据仓库和联机分析处理技术应运而生。尽管这一时期的数据挖掘技术仍然比较初级，但已经为后续的发展奠定了重要的基础。

2. 数据挖掘技术的快速发展与广泛应用

到了20世纪90年代，随着计算能力的提升和算法的改进，数据挖掘技术迎来了快速发展期。此时，数据挖掘技术不再局限于简单的数据分析，而是开始涉及更复杂的数据模式识别和预测分析。机器学习算法，如决策树、神经网络和支持向量机等，开始被引入到数据挖掘领域，极大地提升了数据挖掘的准确性和效率。此外，关联规则挖掘技术的提出，使得从海量数据中发现潜在的关联关系成为可能，进一步拓展了数据挖掘的应用范围。

在这一时期，数据挖掘技术开始在商业和学术界得到广泛应用。企业利用数据挖掘技术进行客户关系管理、市场分析和库存管理等方面的工作，通过分析销售数据和客户数据，优化运营策略，提升竞争力。同时，学术界也对数据挖掘技术进行了深入研究，推动了相关理论的不断完善和发展。

3. 大数据时代的数据挖掘与智能化发展

进入21世纪，大数据和云计算的兴起使得数据挖掘技术得到了飞速发展。这一时期，数据挖掘技术不仅仅局限于传统的结构化数据，还开始涉足非结构化数据和半结构化数据的挖掘。此外，深度学习技术的迅猛发展，使得数据挖掘在图像、语音和自然语言处理等领域得到了广泛应用，进一步提升了数据挖掘的智能化水平。

在大数据时代，数据挖掘技术已经成为各行各业不可或缺的技术手段。在互联网行业，数据挖掘技术被用于个性化推荐、用户画像和广告投放等领域，通过分析用户行为数据，为用户提供更加精准的服务。在医疗行业，数据挖掘技术被用于疾病预测、患者管理和医疗影像分析等领域，通过分析医疗数据，帮助医生做出更加准确的诊断和治疗决策。在金融行业，数据挖掘技术被用于风险管理、欺诈检测和投资分析等方面，通过分析金融数据，帮助金融机构做出更加科学的决策。

随着人工智能技术的不断进步，数据挖掘技术将更加智能化，能够自动从海量数据中发现潜在的模式和规律。自动化的数据挖掘技术将使得数据分析过程更加高效，减少人工干预，提高分析的准确性和可靠性。实时化的数据挖掘技术将使得企业能够实时获取数据洞察，快速响应市场变化和客户需求。未来，数据挖掘技术将继续向智能化、自动化和实时化方向发展，为社会进步和经济发展贡献力量。

（三）数据挖掘的对象

1. 结构化数据

在数据挖掘的广阔领域中，结构化数据占据着举足轻重的地位。这类数据通常以表格形式存在，如数据库中的记录，它们遵循着明确的模式，具有固定的字段和数据类型。结构化数据的优势在于其高度的组织性和规范性，这使得数据分析过程更为高效和准确。

结构化数据涵盖了广泛的领域，从企业财务报告中的数字，到医疗系统中的患者记录，再到电子商务平台上的交易信息，无一不体现其应用价值。通过数据挖掘技术，如关联规则挖掘、分类与预测模型构建等，可以从这些看似静态的数据中提炼出隐藏的规律和趋势。例如，在零售业中，分析历史销售数据可以帮助商家识别热销商品组合，优化库存管理；在医疗领域，对病历数据的挖掘则能揭示疾病发生的风险因素，为预防和治疗提供科学依据。

此外，结构化数据的处理还依赖于先进的数据库管理系统和数据分析工具，这些工具不仅支持大规模数据的存储和检索，还提供了丰富的算法库，用于执行复杂的数据挖掘任务。随着大数据时代的到来，尽管非结构化数据日益增多，但结构化数据作为数据挖掘的基础，其重要性并未减弱，反而随着技术的进步，在数据清洗、整合与分析方面展现出更加高效和智能的特性。

2. 非结构化数据

与结构化数据形成鲜明对比的是非结构化数据，这类数据不以传统的行列格式存储，而是表现为文本、图像、音频、视频等多种形式。随着互联网和社交媒体的发展，非结构化数据呈现出爆炸式增长，成为数据挖掘领域的新热点。

非结构化数据的价值在于其丰富的信息含量和直观的表达方式。例如，社交媒体上的用户评论和反馈，能够直接反映消费者对产品或服务的态度和需求；医学影像资料则提供了疾病诊断的关键线索。然而，非结构化数据的复杂性也给数据挖掘带来了挑战，如何有效地提取、理解和分析这些信息，成为研究者关注的焦点。

针对非结构化数据的特点，数据挖掘领域发展出了一系列专门的技术和方法。文本挖掘技术，如自然语言处理和情感分析，能够自动提取文本中的关键信息，理解其语义和情感色彩；图像和视频挖掘则依赖于计算机视觉技术，实现对象的识别、场景的分割以及行为的分析。此外，机器学习算法，特别是深度学习模型，在非结构化数据处理中发挥着越来越重要的作用，它们能够从大量数据中学习特征表示，提高数据挖掘的准确性和效率。

非结构化数据的挖掘不仅促进了信息检索、推荐系统、智能客服等领域的发展，也为科学研究、市场营销、风险管理等多个行业带来了深刻的变革。随着技术的不断进步，非结构化数据的价值将得到更充分的挖掘和利用，为人类社会创造更多价值。

（四）数据挖掘的过程

通常来说，数据挖掘步骤包括：确定目标、数据准备、数据挖掘和结果分析。[1]

1. 确定目标

在数据挖掘的征途中，确定目标为整个流程指明了方向。企业或个人在着手进行数据挖掘前，必须清晰地界定希望解决的问题或达成的目标。这不仅仅是对业务需求的理解，更是对数据价值的深刻洞察。例如，市场营销部门可能希望识别出最具潜力的客户群体，以提升广告投放的精准度；而财务部门则可能致力于发现潜在的欺诈行为，确保资金安全。

明确目标的过程，往往伴随着对业务逻辑的深入剖析，以及对现有数据资源的全面审视。它要求主体不仅要具备扎实的数据分析能力，还需拥有对业务场景的深刻理解。通过设定具体的、可量化的指标，如转化率提升、成本降低等，目标得以具象化，为后续的数据挖掘工作奠定了坚实的基础。同时，这一步骤还涉及对数据挖掘结果的预期设定，有助于在后续阶段中评估模型的有效性与实用性。

2. 数据准备

数据准备是数据挖掘过程中不可或缺的一环，它直接关系到后续分析的质量与效率。这一过程包括数据选择、清理、集成、变换和归约等多个子步骤，每一环都紧密相连，共同构建了一个完整的数据预处理框架。

数据选择，即根据既定目标，从海量数据中筛选出相关且高质量的信息。这需要主体具备敏锐的数据嗅觉，能够准确识别哪些数据对于解答问题至关重

---

[1] 吴嘉瑞，李国正，张俊华，等．中医药临床大数据研究［M］．北京：中国医药科技出版社，2020：74.

要。随后，数据清理阶段则致力于解决数据中的错误、重复、缺失等问题，确保数据的准确性和完整性。通过填补缺失值、纠正错误记录等手段，数据质量得以显著提升。数据集成则是将来自不同源的数据进行合并，形成统一的数据视图。这一步骤挑战在于处理数据格式、单位不一致等障碍，确保信息的一致性和可比性。数据变换则是根据分析需求，对数据进行转换或重构，如将文本数据转化为数值型特征，以便于后续模型的训练与预测。数据归约通过减少数据集的大小或复杂性，提高计算效率，同时尽量保留数据的核心价值。这一系列精细的操作，为数据挖掘提供了高质量的数据输入。

3. 数据挖掘

数据挖掘是整个流程的核心环节，它利用算法和技术从预处理后的数据中提取有价值的模式和知识。这一过程既是对数据科学的考验，也是对创新思维的激发。主体需根据问题类型选择合适的挖掘技术，如分类、聚类、关联分析、预测等，以揭示数据的内在联系和潜在规律。

分类算法帮助主体将数据集划分为不同的类别，如识别邮件为垃圾邮件还是正常邮件；聚类分析则无需预先定义类别，通过数据本身的相似性进行分组，发现隐藏的群体结构；关联分析则致力于发现不同项之间的有趣关系，如超市购物篮分析中的"啤酒与尿布"现象；预测模型则基于历史数据预测未来的趋势或结果，为决策提供科学依据。

数据挖掘不仅要求技术上的精通，更需要对业务问题的深刻洞察，以便选择合适的模型与参数，优化挖掘效果。通过迭代调整和优化，模型性能逐步提升，直至达到满足业务需求的水平。

4. 结果分析

数据挖掘的结果分析是将模型输出的信息转化为可操作的洞察和建议的关键步骤。这一环节要求主体不仅具备解读模型输出的能力，还需将分析结果与业务实际相结合，提出具体的改进措施或策略。

结果分析涉及对模型输出的准确解读，包括识别关键特征、理解模型预测的置信度等。通过可视化工具或统计方法，将复杂的数据分析结果转化为直观易懂的信息，便于非专业人士理解。随后，结合业务背景和实际需求，分析结果的实用性得以评估。这包括判断挖掘出的模式是否真实反映了业务现象，以及这些模式能否转化为具体的业务策略或优化措施。

在此基础上，主体需进一步探讨实施这些策略的可行性，包括所需资源、预期收益与潜在风险。通过跨部门协作，制定详细的行动计划，并将数据挖掘的成果融入日常运营或决策流程中。同时，建立反馈机制，持续监测策略实施的效果，以便及时调整和优化，确保数据挖掘的价值得以最大化利用。这一过程不仅提升了业务决策的科学性和效率，也为未来的数据挖掘项目积累了宝贵的经验和教训。

二、数据挖掘算法

（一）分类算法

分类算法就是通过一种方式或按照某个标准将对象进行区分。[①] 分类算法是数据挖掘中极为重要的一类算法，其主要任务是根据已知的训练数据（即带有标签的数据）构建模型，然后利用该模型对新的数据进行分类。分类算法广泛应用于金融、医疗、市场营销等领域，用于预测、决策支持等任务。

决策树是分类算法中的一种经典方法。它通过树状结构将数据集划分成更小的子集，每个节点代表一个特征，每个分支代表一个决策规则，而叶节点则代表分类结果。决策树的构建过程涉及特征选择、分裂和停止条件的设定。特征选择是选取最能区分数据的特征作为分割依据，常用的选择标准包括信息增益、信息增益比和基尼指数等。分裂则是根据选定的特征将数据集划分为若干子集，对每个子集继续选择最佳特征进行分裂，直到满足停止条件，如所有样本属于同一类或没有更多特征可用。决策树算法的优点在于其易于理解和解释，能够处理数值型和分类数据，但缺点是容易产生过拟合，特别是在树非常深的情况下。

朴素贝叶斯算法则是基于贝叶斯定理进行分类预测的方法。它假设特征之间是独立的，计算每个类别的概率，并选择概率最大的类别作为预测结果。朴素贝叶斯算法的优点在于其计算速度快，适合处理大规模数据集，对小数据集也有很好的表现。然而，它对特征独立性假设要求较高，当特征相关性较强时，性能会有所下降。朴素贝叶斯算法有多种变体，如高斯朴素贝叶斯用于处理连续数据，多项式朴素贝叶斯适用于离散的多项式分布数据，常用于文本分类和词频统计，而伯努利朴素贝叶斯则处理二元分布的数据，即特征只有0和1的情况，适合如文档的词出现与否等场景。

支持向量机是另一种重要的分类算法。它通过寻找最佳的分割超平面，将数据点分类到不同类别中。对于非线性可分数据，支持向量机通过核函数将数据映射到更高维空间，从而找到线性可分的超平面。支持向量机的优势在于其在高维空间中仍表现良好，适用于线性和非线性数据。然而，支持向量机对大

[①] 安俊秀，叶剑，陈宏松，等．人工智能原理、技术与应用［M］．北京：机械工业出版社，2022：98.

规模数据集的计算效率较低，内存消耗较大，且对参数和核函数的选择敏感。

神经网络作为近年来兴起的分类方法，具有强大的非线性建模能力。它通过模拟生物神经网络的结构，由多个神经元层组成，具有自学习和自适应能力。神经网络通过调整权重来最小化预测误差，从而实现对数据的建模。神经网络的优点在于其适合处理复杂的非线性关系，能够自动提取特征，但缺点是需要大量数据和计算资源，训练时间长，且模型难以解释。

（二）预测算法

预测算法的目标变量是连续型的。[1] 数据挖掘预测算法是利用数学模型和统计方法，从大量数据中提取有价值信息，进行未来趋势和行为预测的技术。它们通过分析历史数据，识别出数据中的模式和关系，从而对未来的事件进行预测。

回归分析是一种常用的预测算法，通过建立变量之间的关系模型来预测一个或多个目标变量。回归分析的优势在于其简单直观，易于解释和实现。它可以处理大量的数据，并能揭示变量间的线性关系，适用于金融市场预测、销售预测等领域。线性回归是最基本的形式，假设自变量和因变量之间存在线性关系，并通过最小二乘法来估计回归系数。多元回归则是线性回归的扩展，适用于多个自变量的情况。

决策树同样可以用于预测任务，其原理与分类任务相似，但目标输出为连续数值。决策树通过递归地选择最优特征进行分裂，建立回归模型，直至满足停止条件。决策树的优点是易于理解和解释，适用于处理有缺失值和非线性关系的数据。

神经网络在预测任务中也表现出色。它通过模拟生物神经系统的结构，由输入层、隐藏层和输出层组成。每层由若干节点构成，节点之间通过权重连接。神经网络通过调整权重来最小化预测误差，从而实现对数据的建模。多层感知器是最常见的神经网络结构之一，具有至少一个隐藏层。多层感知器通过反向传播算法训练，反向传播算法根据误差的梯度信息调整权重，使得误差逐步减小。神经网络具有强大的非线性建模能力，适用于复杂数据的预测，如股票价格预测、气象预报等。

时间序列分析是一种专门用于处理时间序列数据的预测算法。它通过分析数据的时间特性，建立预测模型。常用的时间序列分析方法包括自回归模型、移动平均模型、自回归移动平均模型和自回归积分滑动平均模型。时间序列分

---

[1] 蒋加伏，胡静. 大学计算机［M］. 6 版. 北京：北京邮电大学出版社，2022：204.

析的优点是能够捕捉数据的时间依赖性，适用于股票价格预测、气象预报等领域。

（三）聚类分析

聚类分析是数据挖掘领域中的一项关键技术，旨在通过数据间的相似性或差异性，将数据对象划分为若干组或簇。在聚类分析中，同一簇内的数据对象彼此相似，而不同簇间的数据对象则具有显著差异。这种技术能够揭示数据的内在结构和分布模式，帮助研究人员发现数据属性之间的相互关系，从而建立宏观的概念。

聚类分析的核心在于相似性的度量。通常，使用距离函数来描述两个数据对象之间的相似程度。欧氏距离是最常用的距离度量方法之一，它计算两个数据点在多维空间中的直线距离。此外，曼哈顿距离、余弦相似度等也是常用的度量方法。对于类别型数据，还可使用汉明距离或匹配系数等方法。这些距离度量方法的选择取决于数据的特性和分析的目标。

聚类算法种类繁多，各具特色。K-means 算法是一种基于划分的聚类方法，它通过将数据对象划分为 K 个簇，并迭代优化簇内数据的平方误差，从而找到最佳的簇划分。K-means 算法的优点在于简单高效，适用于大数据集和球状簇。然而，它需要提前指定 K 值，且对初始值和噪声敏感。为了克服这些缺点，研究人员提出了 K-medoids 算法，它使用簇内的实际数据点作为簇中心，提高了算法的鲁棒性，但计算复杂度也相应增加。

层次聚类是另一种重要的聚类方法，它根据数据对象之间的相似程度，将数据对象组织成树状的层次结构。层次聚类可以是自底向上的凝聚过程，也可以是自顶向下的分裂过程。这种方法的优点在于能够可视化聚类结构，无需提前指定簇数。然而，其计算复杂度较高，对噪声和离群点敏感。为了改进层次聚类的性能，研究人员提出了基于密度和网格的聚类方法。这些方法能够识别任意形状的簇，同时检测噪声点，提高了聚类的准确性和鲁棒性。

聚类分析在数据挖掘中具有广泛的应用。在市场细分领域，聚类分析可以帮助企业识别不同的客户群体，制定差异化的营销策略。在图像处理领域，聚类分析可以用于图像分割和目标检测，提高图像的识别和处理效率。在文本分析领域，聚类分析可以用于文档主题聚类和新闻分类，帮助研究人员快速准确地获取文本信息。此外，聚类分析还在基因表达数据分析、社交网络分析等领域发挥着重要作用。

聚类分析的效果评价是一个复杂而关键的问题。由于聚类属于无监督学习，没有事先定义的类别标记，因此难以直接量化聚类结果的质量。常用的评价指标包括簇内距离、簇间距离、轮廓系数、归一化互信息等。这些指标从不同的角度评估了聚类结果的优劣，为研究人员提供了全面的评价依据。在实际应用中，需要根据具体问题和需求选择合适的评价指标，以客观准确地评估聚类效果。

（四）关联分析

关联分析是数据挖掘中的另一项重要技术，旨在从大规模数据集中寻找隐藏的关联关系。这些关联关系可以是商品之间的购买关系、网页之间的链接关系等。关联分析的核心在于发现频繁项集和关联规则，这些规则能够揭示数据对象之间共同出现的特征和相互依赖关系。

频繁项集是指支持度大于用户设定阈值的项集。在关联分析中，需要找出所有的频繁项集。常用的算法包括 Apriori 算法和 FP-Growth 算法等。Apriori 算法通过迭代检索出事务数据集中的所有频繁项集，然后利用频繁项集构造出满足用户最小信任度的关联规则。FP-Growth 算法则采用了一种更为高效的频繁模式树结构，通过构建和遍历这棵树来快速找出频繁项集和关联规则。

关联规则的形式通常为 X→Y，其中 X 和 Y 是不相交的项集。关联规则的强度可以通过支持度和置信度来衡量。支持度表示项集 X 和 Y 同时出现的概率，反映了关联规则的普遍性；置信度表示在项集 X 出现的情况下，项集 Y 出现的概率，反映了关联规则的准确性。通过设定合理的支持度和置信度阈值，可以筛选出有价值的关联规则，为决策支持提供有力依据。

关联分析在零售、电子商务、金融等领域具有广泛的应用。在零售业中，关联分析可以帮助商家发现商品之间的关联关系，制定有效的促销策略，提高销售额和客户满意度。在电子商务领域，关联分析可以用于推荐系统，根据用户的购买历史和浏览行为，推荐相关的商品或服务。在金融领域，关联分析可以用于欺诈检测、风险评估等方面，帮助金融机构及时发现潜在的风险和问题。

关联分析的效果评价主要依赖于关联规则的准确性和实用性。在实际应用中，需要根据具体问题和需求选择合适的支持度和置信度阈值，以筛选出有价值的关联规则。同时，还需要考虑关联规则的多样性和新颖性，避免产生冗余和重复的规则。为了提高关联分析的准确性和效率，可以结合其他数据挖掘技术，如聚类分析、分类分析等，进行综合分析和挖掘。

三、数据挖掘技术与数据处理的关系

数据挖掘技术作为高级数据分析的重要手段，与数据处理之间存在着密不可分的联系。数据处理是数据挖掘的前置步骤，为数据挖掘提供了干净、有序的数据基础；而数据挖掘则是对处理后的数据进行深入探索，揭示隐藏的模式和知识。

（一）数据处理是数据挖掘的基石

数据处理是指对数据进行收集、清洗、转换、整合等一系列操作，以使其满足特定分析需求的过程。这一环节对于数据挖掘至关重要，因为原始数据往往存在缺失、冗余、错误等问题，这些问题若未经处理，将直接影响数据挖掘结果的准确性和可靠性。

数据处理的核心在于数据清洗，它涉及识别并纠正数据中的错误和异常值，填补缺失值，以及消除重复记录。这一过程确保了数据的一致性和完整性，为数据挖掘提供了一个可靠的数据集。此外，数据转换也是数据处理的重要组成部分，它通过对数据进行标准化、归一化等操作，使得不同来源、不同格式的数据能够相互比较和合并，进一步拓宽了数据挖掘的应用范围。

整合处理则是将多个数据源的数据进行合并，形成一个全面的数据集。这一过程不仅提高了数据的可用性，还为数据挖掘提供了更为丰富的信息基础，有助于发现跨数据源的复杂关联和模式。因此，可以说数据处理是数据挖掘不可或缺的基石，它为数据挖掘提供了高质量的数据输入，确保了挖掘结果的准确性和实用性。

（二）数据挖掘是数据处理价值的深度挖掘

数据挖掘技术则是基于处理后的数据，运用各种算法和模型，从中提取有价值的信息和知识的过程。它不仅能够揭示数据之间的隐藏关系，还能预测未来的趋势和模式，为决策支持提供科学依据。

在数据挖掘的过程中，聚类分析、关联规则挖掘、分类与预测等是常用的技术方法。聚类分析能够将相似的数据对象归为一类，帮助识别数据中的自然群组；关联规则挖掘则能够发现数据项之间的有趣关联，如超市购物篮分析中的啤酒与尿布现象；分类与预测技术则能够根据历史数据建立模型，对未知数据进行分类或预测。

数据挖掘技术的应用范围广泛，包括市场营销、风险管理、医疗健康等多个领域。例如，在市场营销中，数据挖掘可以帮助企业识别目标客户群体，制定个性化的营销策略；在风险管理中，数据挖掘能够预测潜在的信用风险或欺诈行为；在医疗健康领域，数据挖掘则能够发现疾病的早期预警信号，提高诊断的准确性和效率。

值得注意的是，数据挖掘的成功与否在很大程度上取决于前期数据处理的质量。如果数据处理不当，即使采用最先进的数据挖掘技术，也难以获得有价值的结果。因此，数据挖掘与数据处理之间存在着紧密的相互依赖关系，它们共同构成了数据分析的完整链条，为数据驱动决策提供了有力支持。

第二节　数据分析技术

一、数据分析技术概述

（一）数据分析技术的概念

数据分析技术是指使用各种方法和工具对数据进行处理、分析、挖掘和解释的过程，以便从数据中提取有价值的信息、洞见和知识。[1] 这一技术通过运用统计学、计算机科学和领域专业知识，对收集到的数据进行深度挖掘、处理和分析，以揭示数据背后隐藏的规律和趋势。

在数据分析的过程中要收集并整理来自各种渠道的数据，这些数据可能包括结构化数据（如数据库中的表格信息）和非结构化数据（如社交媒体上的文本、图片等）。随后，利用数据处理工具和方法，如数据清洗、转换和集成，确保数据的准确性和一致性，为分析工作奠定坚实基础。

核心的分析环节则依赖于多种统计分析模型、机器学习算法和人工智能技术，它们能够从数据中挖掘出潜在的关联、模式和趋势。这些发现不仅有助于理解数据的内在特性，还能为决策提供科学依据。

（二）数据分析技术的特点

1. 数据分析技术的精准性

这一特性体现在对数据处理的精细度和结果输出的准确性上。通过先进的数据分析工具和方法，如统计建模、机器学习算法和深度学习网络，数据分析技术能够从海量数据中提取出关键信息，并对这些信息进行精确的量化和分类。这种精准性不仅体现在对数据细节的捕捉上，还体现在对数据趋势和模式识别的敏锐度上。数据分析技术能够迅速识别数据中的异常值和偏差，从而确

---

[1] 薛达，韦艳宜，伏达，等．一本书读懂 AIGC：探索 AI 商业化新时代 [M]．北京：机械工业出版社，2024：32．

保分析结果的可靠性和准确性。此外，数据分析技术的精准性还表现在其预测能力上。通过对历史数据的深度挖掘和模式识别，数据分析技术能够预测未来的趋势和可能的结果，为决策制定提供科学依据。

2. 数据分析技术的实时性

随着大数据和云计算技术的发展，数据分析技术已经能够实现实时数据采集、处理和分析。这意味着企业可以在第一时间获取到业务运营的最新数据，并立即进行分析和解读。实时数据分析不仅提高了企业的运营效率，还增强了企业的市场响应速度。例如，在电商领域，数据分析技术可以实时监测用户行为数据，分析用户需求和购买意向，从而帮助企业快速调整销售策略和库存管理。此外，实时数据分析还有助于企业及时发现潜在问题和风险，采取相应的应对措施，避免损失。实时数据分析技术的应用，使企业能够更加灵活地应对市场变化，提高竞争力。

3. 数据分析技术的综合性

数据分析不仅仅是对单个数据点的解读，更是对数据集合的整体分析和综合判断。数据分析技术通过整合来自不同渠道、不同格式的数据，进行多维度、多层次的交叉分析，揭示数据背后的深层次联系和规律。这种综合性分析有助于企业全面了解业务运营状况，发现潜在的业务机会和改进点。例如，在市场营销领域，数据分析技术可以综合分析用户画像、市场趋势、竞争对手情况等多个维度的数据，为企业制定精准的市场策略提供有力支持。此外，数据分析技术的综合性还体现在其能够融合多种分析方法和技术手段，如统计分析、文本挖掘、图像识别等，从而实现对复杂问题的全面解析和深入洞察。

4. 数据分析技术的可扩展性

随着企业业务的不断发展和数据量的不断增加，数据分析技术需要具备良好的可扩展性，以满足企业日益增长的数据处理需求。数据分析技术的可扩展性体现在其能够灵活应对数据量的增长和数据处理复杂度的提高。通过分布式计算、并行处理等技术手段，数据分析技术能够在保证处理效率的同时，实现对大规模数据的快速分析和处理。此外，数据分析技术的可扩展性还表现在其能够不断融入新的技术和方法，如人工智能、区块链等，以适应不断变化的市场需求和技术趋势。这种可扩展性使得数据分析技术能够持续为企业提供高质量的数据分析服务，助力企业实现数字化转型和智能化升级。

二、常见的数据分析技术

（一）统计分析

1. 对比分析法

对比分析法作为一种直观且有效的数据分析手段，通过对比不同时间点或不同群体的数据，揭示数据间的差异和变化趋势。这种方法的核心在于"对比"，即通过选取合适的对比基准，如历史数据、行业标准或竞争对手数据，来评估研究对象的表现。在财务报表分析中，对比分析法被广泛应用，企业可以通过对比流动资产与流动负债、负债总额与资产总额等指标，判断其短期偿债能力和长期偿债能力。这种分析不仅限于财务指标，市场营销领域同样适用。例如，企业可以通过对比不同时间段的销售数据，识别市场需求的变化趋势，从而调整产品组合和营销策略。

对比分析法在实践中的优势在于其直观性和量化性。通过对比，企业能够迅速识别出数据中的异常值和变化趋势，为决策提供直接依据。同时，对比分析法还能够促进部门间的协同合作，通过横向对比不同部门或地区的业绩，激发内部竞争，推动整体提升。然而，应用对比分析法时也需注意数据的可比性和一致性，确保对比的基准和数据口径一致，避免因计算方法和计量单位不同导致的误解。

2. 同比分析法

同比分析法是一种将某一时间段的数据与上年同一时间段的数据进行比较的分析方法，旨在评估业务的增长或衰退趋势。同比分析的核心在于消除季节性波动的影响，提供更清晰的趋势视图。通过计算同比增长率，企业能够量化地评估自身在特定时间段内的表现变化。

同比分析法在数据分析中的重要性不言而喻。它不仅能够揭示数据的长期变化趋势，还能够帮助企业识别出潜在的市场机会和风险。通过将不同年份的数据绘制在同一张图表上，企业可以清晰地看出数据的波动趋势，为制定长期战略提供数据支持。此外，同比分析法还能够促进企业对市场动态的敏感度，通过对比不同年份的数据，企业能够及时发现市场趋势的变化，调整产品策略和市场定位。

3. 环比分析法

环比分析法则是将连续两个统计周期的数据进行比较，以了解商品销售额等指标的短期变化趋势。通过计算环比增长率，企业能够及时发现销售额的波动情况，判断销售趋势是上升、下降还是平稳。环比分析法在市场营销和运营管理领域具有广泛应用，它能够帮助企业快速响应市场变化，调整销售策略和运营计划。

环比分析法的优势在于其及时性和敏感性。通过对比连续两个周期的数据，企业能够迅速捕捉到市场趋势的微妙变化，为短期决策提供数据支持。例如，如果某商品在连续两个季度的销售额出现环比下降，企业可以立即分析原因，并采取相应的应对措施，如调整价格策略、加强市场推广等。此外，环比分析法还能够促进企业内部的持续改进，通过定期分析环比数据，企业能够不断优化运营流程，提升运营效率。

4. 结构分析法

结构分析法是一种基于统计分组的数据分析方法，它将组内数据与总体设计数据信息进行对比，以揭示各组数据在总体中的占比和变化趋势。结构分析法在数据分析中的重要性在于它能够提供关于数据内部结构的深入洞察，帮助企业了解不同部分对整体的贡献和影响。

结构分析法在多个领域具有广泛应用。在市场营销中，企业可以通过分析不同产品线的销售额占比，了解各产品的市场表现和盈利能力，为产品组合优化提供数据支持。在财务管理中，结构分析法可以帮助企业识别不同成本项目的占比和变化趋势，为成本控制和预算管理提供决策依据。此外，结构分析法还能够促进企业对市场细分的理解，通过分析不同客户群体的消费行为和偏好，企业能够制定更加精准的营销策略，提升客户满意度和忠诚度。

（二）自然语言处理技术

自然语言处理是计算机科学领域与人工智能领域中的一个重要方向，是一门融语言学、计算机科学、数学于一体的科学。[①] 自然语言处理过程是计算机像人类一样自然地理解人类的文字和语言的能力，允许计算机执行如全文搜索这样的有用任务。自然语言处理研究能实现人与计算机之间用自然语言进行有效通信的各种理论和方法。因此，这一领域的研究将涉及自然语言，与语言学的研究有着密切联系但又有重要区别。

1. 文本预处理技术

在数据分析的广阔领域中，自然语言处理技术扮演着至关重要的角色。其中，文本预处理技术作为自然语言处理技术的基础，为后续的文本分析和数据

[①] 王贵，杨武剑，周苏. 大数据分析与实践：社会研究与数字治理 [M]. 北京：机械工业出版社，2024：137.

挖掘工作奠定了坚实的基础。文本预处理主要包括文本清洗、分词、去除停用词和词干提取等环节。

文本清洗是文本预处理的首要步骤，它涉及去除文本中的噪声数据，如HTML标签、特殊字符、多余空格等，以及处理非标准字符集和拼写错误。这一步骤确保了文本数据的纯净性，为后续分析提供了高质量的输入。通过正则表达式匹配和字符串处理技术，文本清洗能够高效地识别并去除这些无关信息，使文本数据更加规范化。

分词是将连续文本切割成独立词汇单元的过程，对于中文文本尤为重要。不同于英文单词间的空格分隔，中文分词需要借助算法来识别词汇边界。常用的分词方法包括基于规则的方法、基于统计的方法和深度学习方法。这些方法的应用使得中文文本能够被准确地切割成有意义的词汇，为后续的词频统计、关键词提取等任务提供了便利。

去除停用词是为了减少文本数据的稀疏性，提高分析效率。停用词是指那些在文本中频繁出现但对文本意义贡献不大的词汇，如"的""了"等。通过构建停用词表并与之进行匹配，这些无关紧要的词汇可以被有效地去除，从而突出文本中的关键信息。

词干提取则主要用于英文文本处理，它通过将词汇还原为其基本形式（词干），来减少词汇的多样性。例如，"running""ran"和"runs"都可以被还原为"run"，这使得文本分析时能够更加聚焦于词汇的核心意义，而不是其形态变化。词干提取技术的应用有助于提升文本匹配的准确性，增强数据分析的效果。

2. 情感分析技术

情感分析技术作为自然语言处理的一个重要分支，在数据分析领域展现出了巨大的应用价值。该技术旨在识别并量化文本中表达的情感倾向，如正面、负面或中立。情感分析不仅能够帮助企业了解消费者对产品或服务的评价，还能为品牌声誉管理、市场趋势预测等提供有力支持。

实现情感分析的关键在于构建准确的情感词典和训练高效的分类模型。情感词典包含了大量词汇及其对应的情感极性标注，是情感分析的基础资源。通过计算文本中词汇与情感词典的匹配程度，可以初步判断文本的情感倾向。然而，由于语言表达的复杂性和多样性，仅凭情感词典往往难以达到理想的分析效果。

因此，结合机器学习或深度学习算法训练分类模型成为情感分析的主流方法。这些模型能够从大量标注数据中学习词汇间的关联规则和情感表达模式，从而实现对未知文本情感的准确预测。在实际应用中，通过结合领域知识和用户反馈不断优化模型参数，可以进一步提升情感分析的准确性和泛化能力。

情感分析技术的应用场景广泛，从社交媒体评论分析到电商产品评价监测，从新闻舆论导向判断到电影评论情感挖掘，无不彰显其强大的实用价值。通过深入挖掘文本中的情感信息，企业能够更好地理解用户需求和市场动态，为决策提供有力依据。

（三）图像处理技术

图像处理是用计算机对图像进行分析，以达到所需结果的技术，又称影像处理。[1]

1. 图像变换技术

图像变换技术在图像处理中发挥着关键作用，它通过对图像数据进行数学变换，使得图像在频域、空域或其他变换域中表现出更为显著的特征，从而便于后续的分析和处理。图像变换技术不仅广泛应用于图像增强、图像恢复与重建、特征提取等方面，还在图像压缩编码、形状分析、图像校正、图像配准等领域展现出巨大潜力。

在图像增强中，图像变换技术通过调整图像的亮度、对比度等参数，使图像更加清晰、鲜明。例如，傅里叶变换可以将图像从空域转换到频域，在频域中对图像进行滤波处理，再逆变换回空域，从而实现图像的平滑、锐化等增强效果。此外，在图像恢复与重建方面，图像变换技术也发挥着重要作用。通过去除图像中的噪声、恢复受损或缺失的部分，以及从低分辨率图像重建高分辨率图像等，图像变换技术显著提高了图像的可靠性和准确性。

在图像压缩编码中，图像变换技术通过减少图像中的冗余信息，实现图像的高效存储和传输。例如，JPEG 压缩算法利用离散余弦变换将图像块转换为频域表示，然后量化并编码这些频域系数，从而实现图像的压缩。这种方法不仅减少了图像的存储空间，还保持了图像的质量和信息完整性。

此外，图像变换技术在图像配准和校正方面也具有重要应用。通过匹配不同时间或不同模态的图像，图像变换技术可以确保图像在空间上的一致性，为后续的图像分析和处理提供有力支持。

2. 图像编码压缩技术

图像编码压缩技术是图像处理中的一项关键技术，它通过将图像数据压缩到较小的尺寸，减少存储和传输开销，同时保持图像的质量和信息完整性。这种技术在图像识别和处理中发挥着重要作用，特别是在需要高效存储和传输大

---

[1] 刘运节，杨媛，张芳琴. 大学计算机基础 [M]. 北京：北京邮电大学出版社，2022：306.

量图像数据的场景中。

常见的图像编码压缩技术包括JPEG、JPEG2000、MPEG等。JPEG是一种基于离散余弦变换的压缩算法，它通过将图像块转换为频域表示，量化并编码这些频域系数，实现图像的压缩。JPEG2000则是一种基于小波变换的压缩算法，它提供了更高的压缩比和更好的图像质量。MPEG则是一种用于视频压缩的算法，它结合了运动估计和补偿、量化、编码等技术，实现了视频数据的高效压缩。

在图像识别中，图像编码压缩技术不仅减少了存储和传输开销，还保持了图像的关键特征和信息，使得后续的识别和处理更加高效和准确。例如，在人脸识别中，通过压缩编码技术减少图像的冗余信息，可以加快识别速度并提高识别准确率。

此外，图像编码压缩技术还在医学影像处理、遥感图像处理、安全监控等领域发挥着重要作用。通过压缩编码技术，可以显著减少医学图像的存储空间，提高医生的诊断效率；在遥感图像处理中，可以实现对遥感图像的高效存储和传输，为地理信息的提取和分析提供有力支持；在安全监控中，可以实现对监控视频的高效压缩和存储，提高监控系统的效率和准确性。

3. 图像增强和复原技术

图像增强和复原技术是图像处理中的两个重要方面，它们分别旨在改善图像的视觉质量和恢复已损坏的图像信息。这两项技术在数据分析中的图像处理中发挥着重要作用。

图像增强技术主要用于改善图像的视觉效果，增加图像的可读性或突出重要的视觉信息。常见的方法包括对比度增强、直方图均衡化、锐化等。对比度增强通过调整图像的对比度，使图像中的细节更加清晰；直方图均衡化则通过调整图像的灰度分布，使图像的灰度值更加均匀；锐化则通过增强图像的边缘和细节，使图像更加鲜明。这些方法在医学影像分析、安全监控等领域具有广泛应用。

图像复原则侧重于从已损坏的图像中恢复出尽可能接近原始状态的信息。常见的图像复原技术包括去噪、校正镜头畸变、修复划痕或撕裂等。去噪技术通过去除图像中的噪声和干扰，提高图像质量；校正镜头畸变则通过调整镜头的参数，消除图像中的几何畸变；修复划痕或撕裂则通过填充或修复受损的图像区域，恢复图像的完整性。这些技术在修复老旧照片、医学影像修复等方面具有重要作用。

在数据分析中，图像增强和复原技术可以结合使用，以进一步提高图像的质量和信息完整性。例如，在医学影像分析中，可以先通过增强技术突出显示

X光片中的某些细节，然后通过复原技术去除图像中的噪声和失真，从而提高医生的诊断准确率。在安全监控中，可以先通过增强技术提高监控视频的清晰度和对比度，然后通过复原技术修复受损的图像区域，提高监控系统的效率和准确性。

4. 图像分割技术

图像分割技术是数字图像处理领域的一种重要技术，它将数字图像划分成多个部分或区域，以便于更简单、有效地分析和理解图像内容。在数据分析中，图像分割技术发挥着重要作用，特别是在需要提取和分析图像中特定信息或目标的场景中。

图像分割技术的主要目的是确保同一区域内的像素具有某种形式的同质性，如颜色、亮度、纹理等属性相似，同时不同区域之间应该有明显的差异，以便于区分不同的物体或图像特征。常见的图像分割方法包括阈值分割、区域生长、边缘检测、聚类算法和图割等。

阈值分割基于像素值的分布，将图像分割成前景和背景。这种方法简单易行，适用于灰度图像或具有明显双峰分布的图像。区域生长从一个或多个种子点开始，根据预定的准则（如颜色、纹理）合并相邻像素，形成分割区域。这种方法能够保留图像的细节信息，适用于具有复杂纹理的图像。

边缘检测通过识别图像中的边缘，将图像分割为不同区域。常见的边缘检测方法包括Sobel算子、Canny算子等。这些方法能够准确地检测出图像中的边缘信息，为后续的图像分析和处理提供有力支持。聚类算法如K-means等根据像素特性将图像分割成不同群集，适用于具有复杂分布的图像。图割则使用图论中的割集概念，将图像分割成非重叠的区域，适用于需要精确分割的图像。

在数据分析中，图像分割技术广泛应用于医学成像、自动驾驶、遥感影像分析、机器人视觉和安全监控等领域。在医学成像中，图像分割技术用于分析磁共振成像、计算机断层扫描等医学图像，帮助医生识别和量化病变组织。在自动驾驶中，图像分割技术用于从车载相机捕获的图像中识别道路、行人、车辆和其他障碍物，为路径规划和碰撞预防提供重要信息。在遥感影像分析中，图像分割技术用于处理来自卫星或航空摄影的图像，以识别地表特征。在机器人视觉中，图像分割技术帮助机器人理解其周围的环境。在安全监控中，图像分割技术用于人群监控、异常行为检测和车辆识别等。

5. 图像描述与图像识别

图像描述与图像识别是数据分析中图像处理的关键环节，它们通过提取和分析图像中的特征信息，实现对图像内容的理解和分类。这两项技术在许多领域都发挥着重要作用，如医学影像分析、安全监控、智能交通等。

图像描述是指对图像中的内容进行详细和准确的描述，包括物体的形状、颜色、纹理等特征信息。常见的图像描述方法包括基于特征点的方法和基于深度学习的方法。这些方法能够提取出图像中的边缘、角点、纹理等有用信息，为图像识别提供有力的支持。

图像识别则是通过对图像中的特征进行提取和匹配，实现对图像中物体的识别和分类。图像识别技术可以应用于各种场景，如人脸识别、车牌识别、物体识别等。在人脸识别中，人们通过提取人脸图像中的特征信息，如眼睛、鼻子、嘴巴等关键部位的特征点，并与数据库中的人脸特征进行匹配，可以实现人脸的自动识别。在车牌识别中，人们通过提取车牌图像中的字符特征，并与预设的车牌字符库进行匹配，可以实现车牌的自动识别。在物体识别中，通过提取物体图像中的形状、颜色、纹理等特征信息，并与数据库中的物体特征进行匹配，可以实现物体的自动识别。

在数据分析中，图像描述与图像识别技术可以相互结合，以提高识别的准确性和效率。例如，在医学影像分析中，可以先通过图像描述技术提取出医学影像中的特征信息，如病变组织的形状、大小、位置等，然后通过图像识别技术将这些特征信息与已知的病变特征进行匹配，从而实现对病变组织的自动识别。在安全监控中，可以先通过图像描述技术提取出监控视频中的关键特征信息，如人脸、车牌等，然后通过图像识别技术对这些特征信息进行匹配和识别，从而实现对异常行为和事件的自动检测和报警。

此外，随着深度学习技术的不断发展，图像描述与图像识别技术也在不断进步和创新。深度学习算法能够自动学习图像中的特征表达，并实现端到端的图像识别。这使得图像描述与图像识别技术在复杂背景和多变目标的识别中表现出更高的准确率和更强的泛化能力。未来，随着技术的不断发展，图像描述与图像识别技术将在更多领域发挥重要作用，为人们带来更加便捷、高效和智能的视觉体验。

(四) 数据可视化技术

1. 数据可视化技术的概念

数据可视化（Data Visualization）是一种利用计算机图形学和计算机视觉等相关技术将数据以图形的形式显示出来，并通过图形展示出数据中隐藏的信息的一门技术。[1] 这一技术通过图形化的方式，使得数据之间的关系、趋势和

---

[1] 王志. 大数据技术基础[M]. 武汉：华中科技大学出版社，2021：33.

模式得以清晰地展现，从而极大地提高了数据分析的效率和准确性。数据可视化不仅帮助分析师快速理解数据背后的信息，还为决策者提供了有力的支持，使他们能够基于数据做出更加明智的决策。

2. 数据可视化技术的方法

（1）统计图表

统计图表是数据可视化技术中最基础且广泛应用的方法之一。它通过条形图、折线图、饼图、散点图等多种形式，将复杂的数据集转化为直观、易于理解的图形表示。条形图通过不同长度的条块展示各类别的数据大小，便于对比和分析；折线图则通过连接数据点的线段，清晰地展示数据随时间或其他有序类别的变化趋势；饼图则用于展示各类别的占比情况，直观反映数据的分布情况。

统计图表的优势在于其直观性和易于理解性。这些图表能够迅速传达数据的关键信息，帮助分析师和决策者快速捕捉到数据中的规律和趋势。此外，统计图表还具有灵活性，可以根据不同的数据类型和分析需求进行定制和调整。例如，在展示时间序列数据时，折线图能够清晰地呈现数据的变化趋势和周期性波动；而在对比不同类别的数据时，条形图则能够直观展示各类别的差异和变化。

统计图表也面临着一些局限性。例如，当数据量过大或分类过多时，图表可能会变得过于复杂和难以解读。不同的图表类型适用于不同的数据类型和分析需求，选择不当可能会导致信息的误解或遗漏。

（2）热力图

热力图是一种将数据集中的变量关系或数值强度以颜色深浅或强度变化表示的可视化技术。它通过二维坐标系中的单元格颜色，直观展现数据值的大小和分布情况。热力图广泛应用于用户行为分析、市场分析、地理信息系统等领域，用于揭示数据的空间分布和密集程度。

热力图的优点在于其能够一目了然地展示数据的整体分布情况，帮助分析师迅速捕捉到数据中的热点和异常值。例如，在电商网站的用户行为分析中，热力图可以展示用户点击和浏览的热点区域，从而指导网站布局和商品推荐策略的优化。

热力图也存在一些局限性。例如，当数据量过大或颜色选择不当时，热力图可能会掩盖具体数值，导致信息的模糊和误解；热力图对于微小变化的识别能力有限，容易让人产生误导。因此，在使用热力图时，数据分析人员需要结合具体的数据特性和分析目标进行权衡和选择。

(3) 网络图

网络图是一种用节点和边来表示数据对象及其关系的图形表示方式。它通过节点代表数据实体，通过边表示实体之间的关系，从而清晰地展示数据对象之间的复杂关系。网络图广泛应用于社交网络分析、生物信息学、物流网络、通信网络等领域，用于揭示数据中的关联和互动。

网络图的优势在于其能够直观呈现数据对象之间的关系网络，帮助分析师理解数据中的关联和互动。例如，在社交网络分析中，网络图可以展示用户之间的好友关系、关注关系等，从而识别关键人物、社区结构和传播路径。此外，网络图还支持多种布局方式和交互功能，可以根据不同的分析需求进行定制和调整。

网络图也面临着一些挑战。例如，随着数据规模的增大，网络图的计算和绘制复杂度也会显著增加。此外，在节点和边过多的情况下，网络图可能会变得杂乱无章，影响可视化效果和用户体验。因此，在使用网络图时，数据分析人员需要结合具体的数据特性和分析目标进行权衡和选择，采用高效的算法和优化技术来提高计算效率和可视化效果。

(4) 地图可视化

地图可视化是将地理位置相关的数据以地图形式展示的方法。[①] 它通过颜色、形状、大小等视觉元素，直观展现数据在地理空间的分布、频率或密度情况。地图可视化广泛应用于市场分析、人口统计、环境监测、交通管理等领域，用于揭示地理空间内数据的变化情况和趋势。

地图可视化的优点在于其能够直观展现数据在地理空间的分布情况，帮助分析师理解数据的地域特征和空间关系。例如，在市场分析中，地图可视化可以展示不同区域的销售数据和市场份额，从而指导营销策略的制定和优化。此外，地图可视化还支持多种地图类型和可视化方法，可以根据不同的分析需求进行定制和调整。例如，热力图地图可以展示数据在地理空间的密集程度和热点分布；流向地图则可以显示信息或物体从一个位置到另一个位置的移动及其数量。

地图可视化也面临着一些局限性。例如，当数据量过大或地理区域过于复杂时，地图可视化可能会变得难以解读和理解。此外，地图的可视化效果也受到数据质量和准确性的影响。因此，在使用地图可视化时，需要确保数据的准确性和完整性，并采用合适的可视化方法和工具来提高地图的可读性和可理解

---

① 李渤. 信息化背景下公共图书馆个性化服务发展趋势 [M]. 天津：天津大学出版社，2023：133.

性。同时，还需要结合具体的分析目标和业务需求进行权衡和选择，以实现最佳的可视化效果。

三、数据分析技术与数据处理技术

在数据科学领域，数据分析技术与数据处理技术构成了数据处理与分析流程的两大核心环节。这两者在实践中既相互独立，又紧密相连，共同推动着数据价值的挖掘与利用。

（一）数据处理技术是数据分析的前提与基础

数据处理技术，作为数据分析的先决条件，涉及对原始数据的收集、清洗、转换、整合及存储等一系列操作。这一环节旨在提升数据质量，确保数据的准确性、完整性和一致性，为后续的数据分析奠定坚实基础。

数据收集是数据处理的首要步骤，它涵盖了从多种数据源获取数据的过程。这些数据源可能包括数据库、日志文件、社交媒体、物联网设备等。在收集过程中，需关注数据的时效性、相关性和完整性，以确保数据的价值。

数据清洗则是数据处理中的关键环节，它针对数据中的缺失值、异常值、重复值等问题进行识别与修正。通过数据清洗，可以消除数据噪声，提高数据的准确性和可靠性。这一步骤对于数据分析的准确性至关重要，因为脏数据可能导致分析结果的偏差。

数据转换与整合则旨在将不同格式、不同来源的数据转换为统一的标准格式，以便进行后续分析。这一过程可能涉及数据的标准化、归一化处理，以及数据合并与拆分等操作。通过数据转换与整合，可以拓宽数据分析的视野，揭示跨数据源之间的关联与趋势。

数据存储则是数据处理技术的最终环节，它涉及将数据存储在安全、高效的数据仓库或数据库中。数据存储的选择与设计需考虑数据的访问速度、存储成本、数据安全性等因素，以确保数据在分析过程中的可用性和可靠性。

（二）数据分析技术是数据处理价值的深度挖掘与利用

数据分析技术，则是在数据处理基础上，运用统计学、机器学习、数据挖掘等方法，对数据进行深入挖掘与分析的过程。这一环节旨在揭示数据背后的隐藏规律、趋势和模式，为决策提供科学依据。

描述性分析是数据分析的基础，它通过对数据的统计描述，如均值、方差、分布等，来初步了解数据的特征和分布。这一步骤有助于把握数据的整体情况，为后续深入分析提供线索。

预测性分析则运用机器学习算法，对历史数据进行建模，以预测未来的趋势和结果。预测性分析在市场营销、风险管理、供应链管理等领域具有广泛应用，可以帮助企业提前洞察市场变化，制定应对策略。

规范性分析则基于已有的规范和标准，对数据进行分析与评估，以提出改进建议。这一步骤旨在优化业务流程，提高决策效率。例如，在财务管理中，规范性分析可以帮助企业识别成本节约的机会，提升盈利能力。

数据挖掘技术则是数据分析中的高级手段，它运用关联规则挖掘、聚类分析、分类预测等方法，从大量数据中提取有价值的信息和知识。数据挖掘技术在客户关系管理、欺诈检测、精准营销等领域发挥着重要作用，有助于企业发现潜在的商业机会，提升竞争力。

综上所述，数据分析技术与数据处理技术相互依存、相互促进。数据处理技术为数据分析提供了高质量的数据基础，而数据分析技术则深度挖掘了处理后的数据价值。这两者在数据科学领域共同推动着数据价值的挖掘与利用，为企业和社会带来了更多的发展机遇。

第六章　数据安全与隐私保护技术

数据安全与隐私保护技术，作为信息技术领域的重要组成部分，对于维护个人隐私、企业机密乃至国家安全具有至关重要的作用。本章将深入探讨数据安全与隐私保护技术。

第一节　数据安全与隐私保护概述

一、数据安全

(一) 数据安全的概念

数据安全是当今社会信息技术领域的核心议题之一，它关乎个人隐私、企业资产乃至国家安全。随着数字化进程的加速，数据已成为驱动经济社会发展的关键要素，其安全性显得尤为重要。

数据安全是指通过采取必要措施，确保数据处于有效保护和合法利用的状态，以及具备保障持续安全状态的能力。[1] 数据安全不仅要求保护数据的机密性，防止未经授权的访问和泄露，还要确保数据的完整性和可用性，防止数据在传输或存储过程中被篡改或损坏。这需要通过一系列技术手段和管理措施来实现，如加密技术、访问控制、数据备份与恢复等。

---

[1] 刘汪根，杨一帆，杨蔚，等. 数据安全与流通：技术、架构与实践 [M]. 北京：机械工业出版社，2023：26.

(二) 数据安全的威胁

1. 恶意软件攻击的严峻挑战

恶意软件，作为数据安全领域的一大威胁，以其隐蔽性强、传播速度快的特点，给众多企业和个人用户带来了巨大困扰。这类软件在未获得授权的情况下，利用企业内部员工的访问权限进行传播。一旦感染，它们会迅速通过网络渗透到其他设备和应用上，窃取敏感信息、破坏数据完整性，甚至导致系统瘫痪。企业需加强员工的安全意识培训，禁止下载和安装未知来源的软件，以减少被恶意软件感染的风险。同时，部署高效的反恶意软件工具，定期扫描系统，及时发现并清除潜在威胁，是保障数据安全不可或缺的一环。

2. DDoS 攻击的破坏力

分布式拒绝服务（DDoS）攻击，通过控制大量计算机或网络设备，向目标服务器发送海量请求，导致服务器资源耗尽，无法正常响应合法用户的请求。这种攻击不仅会造成访问延迟、服务中断，严重时还会使企业业务全面瘫痪，经济损失惨重。为应对 DDoS 攻击，企业需构建健壮的网络架构，部署高防 IP 等云安全防护措施，以分散和抵御攻击流量。同时，建立应急响应机制，确保在攻击发生时能迅速启动预案，恢复服务。此外，定期进行安全演练，提升团队的应急处理能力，也是降低 DDoS 攻击影响的关键。

3. 网络钓鱼诈骗的隐蔽陷阱

网络钓鱼诈骗，通过伪装成合法机构或个体，发送含有恶意附件或链接的邮件、短信，诱骗用户点击，从而窃取个人信息或植入恶意软件。这种攻击方式巧妙利用了人性的弱点，如好奇心、贪婪等，使得受害者难以察觉。防范网络钓鱼，关键在于提高用户的警惕性，教育他们识别并避免点击可疑链接或附件。企业还应加强邮件安全策略，如启用垃圾邮件过滤、设置钓鱼邮件预警系统等，以减少钓鱼邮件的成功率。同时，建立敏感信息保护机制，确保即使信息不慎泄露，也能通过多层防护降低损失。

4. 黑客攻击的多样化手段

黑客攻击，以其高超的技术手段和不断演变的攻击方式，成为数据安全领域最为棘手的问题之一。黑客可能利用系统漏洞、社会工程学等多种手段，潜入企业内部网络，盗取敏感数据、篡改信息，甚至破坏系统。企业需建立健全的网络安全防御体系，包括定期更新操作系统和软件补丁、实施严格的访问控制策略、部署入侵检测系统等。同时，加强网络安全监控，及时发现并响应异常行为。此外，培养专业的网络安全团队，进行持续的安全审计和渗透测试，是提升系统防御能力的关键。

二、数据隐私保护

（一）数据隐私保护的概念

隐私保护来源于人们的社会性需求，关于隐私或隐私保护哲学含义的思考由来已久，大多强调个人（也包括人工智能系统的各个参与方）对于自身信息传播的可控制性。[①] 数据隐私保护是指确保个人、组织或系统的敏感信息不被未经授权的第三方获取、滥用、篡改或泄露的一系列措施和原则。在数字化时代，随着信息技术的飞速发展和数据量的急剧增长，数据隐私保护已成为社会关注的焦点。

数据隐私保护的核心在于维护数据的机密性、完整性和可用性。机密性要求确保敏感数据不被未授权人员访问；完整性则确保数据在传输和存储过程中不被篡改或破坏；可用性则是指授权用户能够根据需要随时访问和使用数据。

为了实现数据隐私保护，需要采取多种技术手段和管理措施。技术手段包括加密技术、访问控制、数据脱敏、匿名化处理等，这些技术可以有效地防止数据泄露和滥用。管理措施则包括制定严格的数据隐私政策、加强员工培训和意识提升、定期进行数据隐私审计等，以确保数据隐私保护得到全面有效的实施。

（二）数据隐私保护的意义

数据的隐私保护旨在实现数据安全和共享的某种平衡。[②] 数据隐私保护的意义具体如下。

1. 维护个人权利与尊严

在数字化时代，个人数据已成为一种无形的资产，其重要性不亚于实体财产。数据隐私保护的首要意义，在于捍卫每个人的基本权利与尊严。每个人的生活轨迹、行为习惯、思想倾向等信息，都蕴含在庞大的数据集中。若这些数据被未经授权的第三方获取或滥用，将对个人的自由与安全构成严重威胁。例如，个人的医疗记录若被泄露，可能导致其在求职、保险申请等方面遭受不公平对待；而位置信息的泄露，则可能让人陷入被跟踪或骚扰的困境。因此，加强数据隐私保护，就是确保每个人的生活空间不被无端侵扰，让每个人都能在

[①] 李进，谭毓安. 人工智能安全基础 [M]. 北京：机械工业出版社，2023：190.
[②] 徐正全，王豪，徐正全，等. 北斗卫星导航系统时空大数据隐私保护 [M]. 武汉：湖北科学技术出版社，2021：39.

网络空间中自由地表达自我，而不必担心个人隐私成为他人手中的把柄。这不仅是对个体权利的尊重，也是社会文明进步的体现。

2. 促进信任与经济发展

数据隐私保护对于构建健康的市场经济环境至关重要。在商业活动中，消费者与企业之间的信任是交易的基础。当消费者确信自己的个人信息能够得到妥善保管，不会被滥用或泄露时，他们更愿意分享必要的数据，以换取更个性化的服务或产品。这种基于信任的数据流通，不仅提升了消费体验，也为企业提供了宝贵的市场洞察，促进了创新与经济增长。反之，若数据隐私频繁遭受侵犯，将严重削弱公众对数字经济的信心，导致数据流通受阻，影响市场的活力与效率。因此，有效的数据隐私保护措施，是维护市场公平竞争、激发经济创新活力的重要保障，有助于构建一个基于互信、透明与责任感的数字经济生态。

3. 保障国家安全与社会稳定

在全球化背景下，数据已成为国家竞争力的关键因素之一，同时也可能成为国家安全的新边疆。个人数据的汇集与分析，能够揭示出国家的人口结构、经济活动、健康状况乃至社会情绪等多方面的信息。这些数据若被敌对势力获取，可能被用于制定针对性的战略，对国家安全和社会稳定构成潜在威胁。因此，加强数据隐私保护，不仅是保护公民个人权益的需要，也是维护国家主权与安全的重要举措。政府及相关部门通过建立健全的数据保护法律法规，强化数据跨境流动的监管，可以有效防止敏感信息外泄，确保国家关键数据资源的安全可控。这不仅能够提升国家的防御能力，还能在国际合作与交流中，为数据安全设立清晰的边界，促进全球数字治理体系的完善。

4. 激发科技创新与伦理平衡

在科技日新月异的今天，数据隐私保护成为推动技术创新与伦理道德平衡发展的关键力量。科技创新依赖于数据的收集与分析，但这一过程必须建立在尊重个人隐私的基础之上。当数据隐私得到充分保护时，开发者能够更加专注于如何利用数据提升服务效率与质量，而非如何绕过隐私保护机制。这不仅促进了技术的健康发展，还鼓励了更多以用户为中心、注重隐私保护的创新解决方案的诞生。同时，数据隐私保护也是科技伦理的重要组成部分。在追求技术进步的同时，确保技术不会侵犯个人隐私，是维护社会公平正义、促进人机和谐共生的必要条件。通过制定严格的数据隐私政策，引导科技企业遵循最小必要原则收集数据，实施数据脱敏与匿名化处理，可以有效减少技术滥用带来的风险，为科技创新营造一个既充满活力又遵循伦理的外部环境。因此，数据隐私保护不仅是个人权益的盾牌，更是激发科技创新潜力、促进科技与伦理和谐共融的重要推手。

第二节 数据加密与解密技术

一、数据加密技术

数据加密就是使用密码，通过多种复杂的措施对原始数据加以变换，以防第三方窃取、伪造或篡改，达到保护原始数据的目的。[1]

（一）对称加密技术

对称加密技术，又称对称密钥算法、私钥加密或共享密钥加密，是密码学中的一类重要加密算法。对称密码的特征是加密密钥和解密密钥相同。[2]

1. 对称加密技术的优点

对称加密技术，以其独特的工作原理和显著的优势，在信息安全领域扮演着举足轻重的角色。这一技术采用同一个密钥进行加密和解密操作，其优点主要体现在以下几个方面。

对称加密技术以其高效性著称。在加密和解密过程中，由于采用相同的密钥，这一技术能够迅速完成数据的转换，从而在处理大规模数据时展现出极高的效率。这种高效性不仅使得对称加密技术在实时通信和数据传输中得以广泛应用，还确保了数据在加密状态下的快速处理和存储。此外，对称加密算法的硬件支持良好，使得其在各种硬件平台上都能实现高效的加密和解密操作。

对称加密技术还具备高强度的加密性能。通过采用复杂的加密算法和足够长的密钥长度，对称加密技术能够有效地抵抗各种破解尝试，确保数据的安全性。

对称加密技术的算法实现相对简单，且易于理解和应用。这使得开发人员能够更容易地将其集成到各种系统中，从而实现数据的加密保护。同时，由于对称加密技术的算法公开且经过广泛验证，其安全性和可靠性得到了业界的广泛认可。这种简单性和可靠性使得对称加密技术在各种应用场景中都能发挥出色的表现。

---

[1] 梁彦霞，金蓉，张新社. 新编通信技术概论［M］. 武汉：华中科技大学出版社，2021：266.
[2] 廖娟. 大数据技术理论研究［M］. 长春：吉林出版集团股份有限公司，2022：17.

2. 对称加密技术的缺点

尽管对称加密技术具有诸多优点，但其也存在一些不容忽视的缺点。这些缺点主要体现在密钥管理和分发、安全性挑战以及应用场景限制等方面。

对称加密技术的密钥管理和分发是一个复杂而敏感的问题。由于加密和解密采用相同的密钥，因此如何安全地分发和存储密钥成为一个亟待解决的问题。在实际应用中，密钥的生成、注入、存储、管理以及分发等环节都需要严格的安全措施来保障。然而，随着用户数量的增加和密钥需求量的增长，密钥管理的复杂性也随之增加。这不仅增加了管理成本，还可能引发安全隐患。

对称加密技术的安全性面临一些挑战。虽然通过采用复杂的加密算法和足够长的密钥长度可以提高加密强度，但随着计算技术的不断发展，尤其是量子计算技术的崛起，对称加密技术的安全性可能受到威胁。量子计算机的超强计算能力可能使得现有的对称加密算法变得不再安全。因此，未来需要开发能够抵御量子计算攻击的对称加密算法来应对这一挑战。

对称加密技术的应用场景也受到一定限制。由于采用相同的密钥进行加密和解密操作，这一技术在需要鉴别发送方或接收方身份的场景中可能无法发挥作用。此外，在对称加密体系中，每一对用户都需要一个独立的密钥来进行通信。这在多用户通信场景中可能导致密钥数量的急剧增加，从而增加了密钥管理的复杂性。因此，在对称加密技术的应用中需要综合考虑其适用性和局限性。

3. 对称加密技术常用的算法

(1) DES

DES（Data Encryption Standard，数据加密标准）是一种经典的对称加密算法。DES算法采用对称密钥，即加密和解密使用相同的密钥，这一特性使得DES在处理大量数据时具有较高的效率。

DES算法的核心在于其复杂的加密过程。它先将明文数据分成固定大小的块，每个块通常为64位。然后，使用一个56位的密钥（实际上是从一个64位的密钥中通过置换选择得到的）来对每个数据块进行多轮加密操作。这些加密操作包括初始置换、16轮的Feistel结构加密以及最终的置换。在每一轮加密中，数据块被分为左右两部分，通过一系列的非线性替换和置换操作，以及密钥的扩展和轮密钥的生成，最终得到加密后的密文。

DES算法的优点在于其兼容性和加密速度。DES算法适用于多种硬件和软件平台，能够在不同的环境下保持稳定的加密性能。同时，由于DES算法采用对称密钥，加密和解密过程相对简单，因此具有较高的加密速度。这使得DES在实时通信和数据传输等需要快速处理大量数据的场景中得到了广泛应用。

DES算法也存在一些显著的缺点。最主要的是其密钥长度过短，只有56位，这使得DES容易受到暴力攻击。随着计算机技术的不断发展，尤其是并行计算和分布式计算技术的兴起，破解DES所需的计算资源已经大大减少。此外，DES算法的安全性还依赖于其内部的S盒设计和非线性替换操作，一旦这些部分被攻破，整个加密体系将受到威胁。

因此，尽管DES算法在历史上具有重要地位，但在当前的安全环境下，其已经不再是推荐使用的加密算法。许多组织和机构已经转向使用更安全的加密算法，如AES（高级加密标准）等，来替代DES算法。然而，在一些旧的系统中或特定的应用场景下，DES算法仍然可能被使用，但通常需要通过增加密钥管理策略、使用更强的加密算法进行补充等措施来提高其安全性。

（2）AES

AES（Advanced Encryption Standard，高级加密标准）是对称加密领域一种广泛应用的算法，由美国国家标准与技术研究院于2001年正式发布，用以取代DES算法。

AES算法采用对称密钥体系，即加密和解密使用相同的密钥。其分组长度固定为128比特（16字节），同时支持128位、192位和256位三种不同的密钥长度，提供了灵活的安全性选择。AES算法的核心在于其多轮加密结构和S盒（Substitution box）的非线性替换操作，这些特性使得AES算法能够抵抗多种类型的攻击，包括差分密码分析、线性密码分析等。

在实际应用中，AES算法以其高效性、安全性和灵活性而著称。它能够快速处理大规模数据，同时提供高强度的加密保护。AES算法在各种硬件和软件平台上都能实现高效的加密和解密操作，使得它在网络通信、数据存储、软件加密、文件系统加密以及VPN等领域得到了广泛应用。

（二）非对称加密技术

1. 非对称加密技术的优点

非对称加密技术，以其独特的密钥对设计，即公钥和私钥的组合，为信息安全提供了强有力的保障。

非对称加密技术提供了极高的安全性。由于公钥可以广泛传播而私钥严格保密，即使攻击者获取了公钥，也无法推导出私钥，从而确保了信息的机密性。这种设计使得非对称加密成为保护敏感数据的首选手段，广泛应用于电子商务、在线支付、电子政务等领域，有效防止了数据泄露和篡改。

非对称加密简化了密钥管理的复杂性。在传统的对称加密中，密钥的分发和管理是一个巨大的挑战。而非对称加密中，每个用户只需管理自己的私钥，公钥则可以公开分享，这大大简化了密钥的分发过程，降低了密钥泄露的风险。同时，公钥的公开性也促进了用户之间的安全通信，无需担心密钥分发的问题。

非对称加密还支持数字签名和验证功能。数字签名是使用私钥对信息进行加密生成的，而验证则是使用公钥对数字签名进行解密并检查信息的完整性。这一功能不仅可以证明信息的来源，还可以确保信息在传输过程中未被篡改，从而增强了信息的真实性和可信度。在电子商务、电子政务等领域，数字签名被广泛应用于合同签署、交易确认等场景，有效保障了交易的合法性和有效性。

2. 非对称加密技术的缺点

非对称加密的计算复杂度较高，导致加密和解密过程相对较慢。与对称加密相比，非对称加密需要更大的计算量和更长的处理时间，这在一定程度上限制了其在大规模数据处理中的应用。尤其是在资源受限的环境中，非对称加密的性能瓶颈可能更加明显。

非对称加密的密钥管理虽然相对简化，但仍需用户妥善保管自己的私钥。一旦私钥泄露，攻击者就可以利用私钥解密信息，从而破坏信息的机密性。因此，用户需要采取严格的安全措施来保护私钥的安全，这增加了用户的使用成本和复杂性。

此外，非对称加密在处理大量数据时也存在局限性。由于计算开销较大，非对称加密通常用于加密少量数据或作为混合加密方案中的安全密钥交换部分。在处理大数据时，非对称加密的效率可能无法满足实际需求，这限制了其在某些场景下的应用。

3. 非对称加密技术中常见的算法

（1）RSA 算法

RSA（Rivest-Shamir-Adleman）算法，是一种广泛应用的非对称加密算法。RSA 算法的核心思想是利用一对密钥（公钥和私钥）进行加密和解密操作。公钥可以公开分发给任何人，用于加密信息，而私钥则必须保密，用于解密信息。这种加密方式保证了只有私钥的持有者才能解密出原始信息，从而确保了信息传输的安全性。在 RSA 算法中，密钥的生成涉及选择两个大质数并进行一系列数学运算。公钥由模数和加密指数组成，而私钥则由模数和解密指数组成。加密过程使用公钥对明文进行加密，生成密文；解密过程使用私钥对密文进行解密，恢复出原始明文。

RSA 算法的安全性主要依赖于大数分解的困难性。给定一个非常大的合数（即两个或多个质数的乘积），目前没有已知的高效算法能够在合理的时间内分解出它的质因数。这使得 RSA 算法在合理选择密钥长度和参数的情况下具有很高的安全性。然而，随着计算能力的不断提升和新型攻击手段的出现，RSA 算法也面临着一些安全挑战。为了应对这些挑战，研究者们不断提出改进方案和新算法来增强 RSA 算法的安全性。尽管如此，RSA 算法仍然是目前应用最广泛的公钥加密算法之一，被广泛应用于网络通信、数字签名、身份验证等领域。

（2）ECC 算法

ECC 算法，全称为椭圆曲线密码学（Ellipse Curve Ctyptography），是一种基于椭圆曲线数学的公开密钥加密算法。与 RSA 算法不同，ECC 算法利用椭圆曲线上的离散对数问题来实现数据的加密和解密。

ECC 算法具有许多优点，使得它在许多应用场景中比 RSA 算法更具优势。ECC 算法在提供相同安全级别的情况下，所需的密钥长度比 RSA 算法短得多。这意味着 ECC 算法可以大大减少网络开销，提高通信效率。同时，ECC 算法在加密和解密过程中的计算量相对较小，因此速度更快。这使得 ECC 算法在处理大量数据时更具优势。此外，ECC 算法还具有更好的可扩展性和抗量子计算机攻击的能力。

ECC 算法广泛应用于各种安全通信和数字签名场景中。例如，在汽车软件领域，一些 OEM 采用 ECC 加密算法来校验签名，以确保软件的安全性和完整性。在电子商务中，ECC 算法也可以用于保护订单信息，确保订单的真实性和不可篡改性。此外，ECC 算法还支持与 RSA 算法兼容的根证书，这使得在过渡到更安全的 ECC 算法时，可以保持与现有系统的兼容性。

尽管 ECC 算法具有许多优点，但在实际应用中仍需注意一些问题。例如，由于 ECC 算法的安全性依赖于椭圆曲线的选择和参数的设定，因此需要谨慎选择合适的椭圆曲线和参数。此外，在实施 ECC 算法时，还需要注意密钥管理和保护的问题，以确保私钥的安全性和保密性。

二、数据解密技术

（一）传统式解密技术

1. 穷举攻击法

穷举攻击法，亦被称为暴力破解法或穷举破译法，是传统解密技术中最基础且直接的方法。它依赖于枚举出所有可能的密钥或明文组合，通过逐一尝试这些组合来破译密码。这一方法的核心在于其全面性和直接性，理论上，只要具备足够的计算资源和时间，任何密码系统都可以通过穷举攻击法被破解。

穷举攻击法的实施可以分为穷举密钥和穷举明文两大类。在穷举密钥的过程中，攻击者会尝试所有可能的密钥来对截获的密文进行解密，直到找到一个能够产生有意义明文的密钥。这一过程要求攻击者必须了解加密算法，并能够利用假设的密钥对密文进行解密测试。而穷举明文则是另一种策略，攻击者保持加密密钥不变，对所有可能的明文进行加密，直到找到与截获密文一致的加密结果。这种方法虽然理论上可行，但实际操作中面临着巨大的计算量和时间成本。

穷举攻击法的显著缺点是效率低下和资源消耗巨大。随着密钥长度的增加，可能的密钥组合数量呈指数级增长，使得穷举攻击变得不切实际。此外，频繁的尝试和测试可能会对目标系统造成额外的负担，甚至触发安全警报。因此，现代密码系统在设计时通常会采用扩大密钥空间、增加加密算法复杂度等措施来抵御穷举攻击。

为了对抗穷举攻击，密码学家们提出了多种策略。一方面，通过增加密钥和明文、密文的长度，可以显著提高穷举攻击的难度。例如，在明文和密文中添加随机冗余信息，可以使得攻击者难以确定有效的密钥组合。另一方面，采用更复杂的加密算法和更长的密钥长度，也可以使得穷举攻击变得更加困难。此外，还可以结合使用多种加密技术和策略，如混合密码系统、动态密钥生成等，来进一步提高密码系统的安全性。

2. 数学分析攻击解密法

数学分析攻击解密法是一种高度技术化的解密手段，其核心在于利用数学原理和密码学特性，对加密信息进行深度剖析，从而破解密钥或还原明文。这种方法要求攻击者具备扎实的数学基础和深厚的密码学知识。

在数学分析攻击中，攻击者会针对密码系统的数学基础进行深入研究。现代密码系统大多基于复杂的数学难题构建，如大数分解、离散对数问题等。攻击者通过解析这些数学难题，尝试找到破解密码系统的突破口。他们可能会利用一些已知的数学定理或算法，结合密码系统的特定属性，进行复杂的数学运算，以求解密钥或还原明文。

根据攻击者所掌握的信息资源，数学分析攻击可以细分为多种类型。其中，唯密文攻击是难度最大的一种，攻击者仅能通过截获的密文进行分析，试图推导出明文或密钥。而已知明文攻击则相对容易一些，攻击者掌握了部分明文和密文的对应关系，可以利用这些信息进行数学分析，从而更容易地破解密钥。此外，选择明文攻击和选择密文攻击也是数学分析攻击的重要类型，它们分别允许攻击者选择明文并得到对应的密文，或选择密文并得到对应的明文，从而进一步分析密码系统的弱点。

数学分析攻击的成功与否，很大程度上取决于密码系统的复杂性和攻击者的数学能力。一个设计良好的密码系统，通常会采用复杂的加密算法和庞大的密钥空间，以增加攻击者破解的难度。同时，密码系统的设计者也会不断研究新的数学理论和算法，以应对可能出现的数学分析攻击。

然而，即使是最复杂的密码系统，也无法完全避免数学分析攻击的风险。因为数学分析攻击的本质在于利用密码系统的数学基础进行破解，而任何数学基础都可能存在潜在的漏洞或弱点。因此，密码系统的设计者需要不断关注数学和密码学领域的发展动态，及时更新和优化密码系统，以应对可能出现的数学分析攻击。

3. 统计分析攻击解密法

统计分析攻击解密法是一种通过分析明文和密文之间的统计规律和关系，从而推算出密钥并破译密文的解密技术。这种方法主要依赖于对密文统计特性的分析，以及将密文的统计规律与已知的明文统计规律进行对照比较。

统计分析攻击的核心在于寻找明文和密文之间的统计联系。一些古典密码系统，如简单的替换密码或移位密码，其密文中字母及字母组合的统计规律与明文完全相同或存在明显的相关性。攻击者可以通过分析密文的统计特性，如字母频率、字母组合出现的概率等，来推断明文的内容。

为了对抗统计分析攻击，密码系统在设计时需要避免将明文的统计规律信息带入密文中。这可以通过采用更复杂的加密算法、增加密文的随机性、使用混淆技术等手段来实现。例如，现代密码系统通常会采用多表替换密码或流密码等复杂的加密算法，以增加密文的复杂性和随机性，从而掩盖明文的统计规律。

统计分析攻击的成功与否还取决于攻击者所能获取的信息量。在唯密文攻击中，攻击者仅能通过截获的密文进行分析，其难度相对较大。而在已知明文攻击或选择明文攻击中，攻击者掌握了部分明文和密文的对应关系，可以更容易地利用统计分析法进行破解。因此，密码系统的设计者需要综合考虑各种攻击类型和信息资源的获取情况，设计出更加安全可靠的密码系统。

此外，统计分析攻击还需要攻击者具备丰富的经验和敏锐的直觉。因为统计分析的过程往往涉及大量的数据处理和模式识别工作，攻击者需要通过观察和分析密文的统计特性，发现其中的规律和异常，从而推断出明文的内容。因此，密码系统的设计者也需要关注攻击者的行为模式和思维方式，以便更好地预测和防范统计分析攻击的风险。

(二) 分布式网络密码解密技术

在数据解密领域，分布式网络密码解密技术正逐渐成为处理大规模加密数据的关键手段。这一技术通过利用多个计算节点协同工作，能够显著提升解密操作的效率与处理能力，尤其适用于处理那些对计算资源需求极高的复杂加密任务。

分布式网络密码解密的核心在于将庞大的解密任务分割成多个较小的子任务，并将这些子任务分配给网络中的不同节点进行处理。每个节点独立地对其分配到的子任务进行计算，最终再将所有节点的计算结果汇总，以重构出原始的解密数据。这一过程不仅极大地缩短了解密所需的时间，还有效地平衡了计算负载，避免了单一节点因资源耗尽而导致的性能瓶颈。

为了实现高效的分布式解密，研究者需要设计一套精密的任务分配与结果汇总机制。这包括确保每个子任务的数据量适中，以便在保持计算效率的同时，也便于在网络中传输与管理。此外，为了应对网络延迟和节点故障等潜在问题，分布式解密系统通常还会采用冗余计算和容错机制，确保解密过程的稳定性和可靠性。

在安全性方面，分布式网络密码解密也面临着独特的挑战。由于解密任务被分散到多个节点上执行，如何确保这些节点在解密过程中不会泄露敏感信息，成为一个重要考量。为此，研究者们开发了多种安全协议和技术，如同态加密、安全多方计算等，以确保数据在解密过程中的保密性和完整性。

随着云计算和边缘计算技术的不断发展，分布式网络密码解密的应用场景也日益丰富。从保护个人隐私的数据恢复，到支持大规模数据分析的解密服务，分布式解密技术正逐渐展现出其强大的潜力与价值。未来，随着技术的不断进步，分布式网络密码解密有望在更多领域发挥关键作用，为数据安全与隐私保护提供更加坚实的技术支撑。

第三节　数据访问控制与授权技术

一、数据访问控制技术

(一) 数据访问控制的概念

数据访问控制是一种重要的安全机制，旨在通过一系列策略、机制和技术手段，对数据资源的访问进行管理和约束。它决定了谁（主体，如用户、进程、系统）在什么条件下（如时间、地点、网络环境）可以对何种数据（客体）进行何种操作（如读取、写入、修改、删除等）。这一机制的核心目标是确保数据的安全性、完整性和可用性，防止未授权的访问、滥用、篡改或泄露。在企业的数据库系统中，数据访问控制会明确规定哪些员工能够在特定条件下访问敏感数据，并限制他们的操作权限，以确保数据的安全和合规使用。

(二) 数据访问控制技术的作用

1. 确保数据的安全性与完整性

数据访问控制技术通过一系列策略、机制和技术手段，对数据资源的访问进行管理和约束，从而确保数据的安全性与完整性。在企业的数据库系统中，数据访问控制能够规定只有特定部门的员工在特定条件下（如工作时间内、公司内部网络）才能访问特定的数据，并且限制他们的操作权限（如只能读取，不能修改或删除）。这种控制机制有效防止了未授权的访问、滥用、篡改或泄露，保护了数据的机密性。例如，敏感的商业机密、客户的个人隐私信息或国家的机密文件，都需要严格的数据访问控制来确保它们不被未经授权的用户访问和获取。同时，数据访问控制还通过限制对数据的修改权限，确保数据的完整性，防止数据被恶意篡改或误操作导致数据不准确或不可用。

2. 支持合法的数据使用与业务开展

数据访问控制技术的另一个重要作用是支持合法的数据使用，确保组织的业务目标和合规要求得以实现。通过定义明确的访问规则，数据访问控制能够确保合法用户在需要时能够及时、可靠地访问到所需的数据，避免因不合理的访问控制导致正常业务流程受阻。例如，在企业中，员工需要访问工作所需的数据资源以完成工作任务，数据访问控制能够确保他们在工作时间内顺利访问这些数据，从而保证业务的正常开展。同时，数据访问控制还能帮助企业遵守相关的法律法规、行业标准和合同约定，确保数据处理活动的合规性。例如，金融机构需要遵循严格的法规来控制客户数据的访问，以防止违反反洗钱和数据保护法规。

3. 实现职责分离与权限管理

数据访问控制技术还能够实现职责分离，明确不同用户的权限，避免出现权限集中导致的利益冲突和潜在的风险。通过访问控制列表、基于角色的访问控制等技术手段，数据访问控制能够将用户分配到不同的角色，每个角色具有特定的权限集合，用户通过所属角色获得相应的访问权限。这种角色与权限的对应关系有助于实现职责分离，防止权限滥用。例如，在财务系统中，负责记账和审核的人员应具有不同的访问权限，以防止欺诈行为。同时，数据访问控制还能够实现细粒度的权限管理，根据用户的属性、资源的属性、环境的属性等多个因素来确定访问权限，提高访问控制的灵活性和准确性。这种细粒度的权限管理有助于更好地保护敏感数据，防止数据泄露和滥用。

4. 提供审计与追踪功能

数据访问控制技术还能够提供审计与追踪功能，对数据访问活动进行记录和监控，以便进行审计和追踪，及时发现异常访问行为和潜在的安全威胁。通过审计日志，系统管理员可以记录用户的访问时间、访问内容、访问结果等信息，从而监控用户的访问行为，发现异常操作。这种审计与追踪功能有助于及时发现并处理潜在的安全问题，确保系统的安全性和可靠性。同时，审计日志还可以作为合规性证明，帮助企业满足相关的法规要求。例如，在金融机构中，严格的审计和追踪机制能够确保客户数据的访问符合反洗钱和数据保护法规的要求。

（三）数据访问控制技术的实现方式

1. 基于访问控制列表的实现

访问控制列表是一种基于列表的访问控制机制，它为每个资源（如文件、文件夹、数据库、网络设备等）定义了一个详细的访问权限列表。这个列表清晰地指出了哪些用户或用户组可以访问该资源，以及他们各自拥有的权限（如读、写、执行等）。访问控制列表的实现方式直观且易于管理，能够针对具体的资源进行精细的权限控制。例如，在操作系统中，文件的访问权限可以通过访问控制列表来设置，使得特定的用户组能够读取和执行文件，而其他用户组则无法修改文件。这种方式不仅提高了资源管理的灵活性，还有效防止了未经授权的访问和操作,确保了数据的安全性和完整性。

2. 基于角色的访问控制的实现

基于角色的访问控制是一种更为高级和灵活的访问控制策略。它将用户分配到不同的角色中,每个角色具有特定的权限集合。当用户需要访问某个资源时,系统会检查其所属的角色,并依据该角色的权限来决定是否允许访问。角色的访问控制的实现极大地简化了权限管理,提高了系统的安全性和可管理性。当用户的职责发生变化时,管理员只需调整其所属的角色,而无需逐个修改对资源的权限设置。例如,在企业管理系统中,员工可以被分配为管理员、普通用户、财务人员等不同角色,每个角色对应不同的权限集合,从而实现了对资源的有效管理和控制。

3. 基于属性的访问控制的实现

基于属性的访问控制是一种更为复杂但灵活的访问控制策略。它根据主体(如用户、进程等)、客体(如资源)、环境等属性来决定是否允许访问。这些属性可以包括用户的身份、角色、权限、时间、地点、设备类型等。基于属性的访问控制的实现需要对各种属性进行准确的定义和管理,但它能够根据各种不同的属性组合进行细粒度的访问控制。例如,在一个金融机构的网络系统中,可以根据用户的身份属性(如员工级别)、资源的属性(如敏感程度)以及访问的时间和地点等属性来决定用户是否可以访问特定的金融数据。这种方式不仅提高了访问控制的精确性,还能适应复杂的访问控制需求和动态的访问场景。

4. 基于数据库通讯协议解析技术的实现

数据访问控制还可以通过深度运用数据库通讯协议解析技术来实现。该技术能够精准剖析数据库交互过程中的各类指令与数据流向,从而实现对数据源的主动且实时的监控。在此基础上,融合身份鉴别技术,如用户名/密码认证、多因素认证、数字证书认证等,可以进一步确保用户身份的合法性。同时,借助行为分析的主动防御机制,实时监测用户行为模式,并依据预先设定的防护策略对异常行为进行识别和告警。这种方式能够在业务系统与数据源之间、运维用户与数据源之间构建起坚固的安全防线,有效防止数据泄露和非法访问,确保数据的安全性与完整性。

二、数据授权技术

随着计算机技术和信息化的发展,大数据驱动的发展模式几乎遍布各行各业，由此也产生了数据管理以及数据安全等相关问题。[①] 数据授权技术就是数据安全研究的重要组成部分。

（一）数据授权技术的概念

数据授权技术是一种用于确保数据安全和合法使用的关键技术手段。它允许数据所有者或管理者对数据的使用权限进行精确控制，从而保护数据的机密性、完整性和可用性。这种技术通过定义用户或用户组对数据资源的访问和操作权限，确保只有经过授权的用户才能访问和操作特定的数据。

数据授权技术还具备可扩展性和灵活性，能够随着数据量的增长和业务需求的变化而不断演进。它允许数据所有者或管理者在需要时添加、删除或修改数据访问权限，以确保数据的持续安全和合法使用。

（二）数据授权的类型

1. 基于数据处理阶段的数据授权类型

数据授权可以根据数据处理的不同阶段，划分为原生数据授权与次生数据授权。原生数据授权涉及直接产生于信息主体的数据，例如个人身份信息、银行账户数据、企业经营数据等。这类数据授权的核心在于确保数据收集和使用符合相关法律法规，特别是涉及个人隐私的数据，需要取得数据主体的明确同意。原生数据授权通常要求数据持有方在合法、合规的基础上，向数据需求方提供数据访问权限，同时确保数据在传输和使用过程中的安全性和隐私保护。

次生数据授权则涉及在原生数据基础上进行二次开发所得的数据，如算法筛选聚合所得的统计数据、偏好数据、用户画像等。这类数据授权更为复杂，因为次生数据的产生往往涉及数据处理者的创造性劳动和资本投入。企业在使用次生数据前，需要取得数据处理者的授权，并在其授权范围内对数据进行应用或交易。此外，对于具有知识产权价值增量的次生数据，数据处理者享有收益权，这要求数据需求方在获取数据时，不仅要尊重数据处理者的劳动成果，还要遵守相关法律法规和行业标准，确保数据使用的合法性和合规性。

2. 基于数据可识别性的数据授权类型

根据数据的可识别性，数据授权可以分为可识别数据授权与非可识别数据授权。可识别数据授权涉及能够直接或间接识别个人身份的数据，如姓名、电话号码、电子邮件地址等。对于具有敏感性的特殊可识别个人数据，如健康信

[①] 张纪林，顾小卫，张亦钊，等. 跨域数据授权运营研究及应用 [J]. 大数据，2023，9（4）：83-97.

息、生物识别信息等，还需要取得个人的单独同意和书面同意，并履行必要性告知义务。

非可识别数据授权则涉及无法直接或间接识别个人身份的数据，如经过匿名化处理后的数据。这类数据授权相对较为宽松，因为数据已经失去了个人身份特征，无法直接关联到具体个人。然而，即使是非可识别数据，也需要在合法、合规的基础上进行授权和使用，确保数据的安全性和隐私保护。此外，对于非可识别数据的交易和共享，也需要遵守相关法律法规和行业标准，确保数据流通的合法性和合规性。

3. 基于数据使用权限的数据授权类型

根据数据使用权限的不同，数据授权还可以分为数据使用授权、数据传播授权和数据修改授权。数据使用授权是指授权受权人使用授权方提供的数据，但不得传播或修改。这种授权类型适用于需要访问数据但无需对数据进行修改或传播的场景。数据传播授权则允许受权人在使用数据的同时，还可以将数据传播给第三方，但同样不得修改数据。这种授权类型适用于需要将数据分享给多个合作伙伴或公众的场景。数据修改授权则赋予受权人使用、传播和修改数据的权利，这种授权类型适用于需要对数据进行深度加工和分析的场景。

不同类型的数据授权适用于不同的场景和需求，数据持有方和数据需求方在进行数据授权时，需要根据实际情况选择适合的授权类型，并严格遵守相关法律法规和行业标准，确保数据使用的合法性和合规性。同时，还需要加强数据安全管理，确保数据在传输、使用和存储过程中的安全性和隐私保护。

（三）数据授权技术的作用

1. 确保数据安全和隐私保护

数据授权技术作为确保数据安全和隐私保护的重要机制，允许数据所有者对数据的使用进行严格的控制和监管。这一技术通过授权协议，明确规定了数据使用者对数据访问的范围、条件和期限，有效防止了数据的非法访问和滥用。在数据泄露风险日益增大的当下，数据授权技术显得尤为重要。它能够确保只有经过授权的用户才能访问和操作数据，从而大大降低了数据泄露的风险。无论是企业内部的数据共享，还是跨企业的数据交换，数据授权技术都能提供强有力的安全保障。此外，数据授权技术还结合了用户身份验证和访问控制策略，如角色权限、数据加密等，进一步增强了数据的安全性。这种多层次的安全保护措施，使得数据在传输和使用过程中得到了全方位的保护，有效维护了数据所有者的隐私权益。

2. 促进数据的有效管理和高效利用

数据授权技术在促进数据的有效管理和高效利用方面发挥着关键作用。通过数据授权，企业可以对其拥有的数据资源进行精细化的管理，确保数据的准确性和完整性。数据授权技术允许企业根据数据的敏感性和重要性，设置不同的访问权限，从而实现对数据的分类管理。这种管理方式不仅提高了数据管理的效率，还降低了数据管理的成本。同时，数据授权技术还能够促进数据的高效利用。在数据驱动的时代，数据已经成为企业的重要资产。通过数据授权，企业可以将数据授权给第三方进行使用，如用于人工智能算法的训练和优化，从而充分发挥数据的价值。这种数据利用方式不仅提高了数据的利用效率，还促进了企业之间的合作与交流，推动了整个行业的创新发展。

3. 增强数据合规性和法律风险防控能力

数据授权技术在增强数据合规性和法律风险防控能力方面具有显著优势。随着数据保护和隐私法规的不断完善，企业对数据的处理和使用需要严格遵守相关法律法规的要求。数据授权技术通过明确的授权协议，规范了数据的访问和使用行为，确保了数据处理的合法性和合规性。这不仅能够避免企业因数据违规使用而面临的法律风险，还能够提升企业的信誉度和市场竞争力。此外，数据授权技术还能够提供详细的权限控制和操作日志，使得企业能够更好地进行数据审计和合规性检查。这种透明度不仅提高了数据管理的公正性，还增强了企业的法律风险防控能力，为企业的可持续发展提供了有力保障。

第四节　数据脱敏与匿名化技术

一、数据脱敏技术

数据脱敏技术是指通过将敏感数据进行数据变形操作，为用户提供虚假数据而非真实数据，以实现对敏感隐私数据的有效保护。[①]

（一）数据脱敏的原则

1. 有效性原则

数据脱敏的有效性原则要求敏感信息必须被有效去除，以保护数据安全。

---

① 刘隽良，王月兵，覃锦端，等．数据安全实践指南［M］．北京：机械工业出版社，2022：267．

这一原则的实施，关键在于确保脱敏后的数据中，敏感信息无法被轻易复原或识别。具体来说，脱敏方法需根据敏感数据的类型和应用场景进行选择。例如，对于身份证号码，可以采用掩码处理，仅保留部分数字，其余用星号（*）或特定字符代替。而对于姓名，则可以仅保留姓氏，其余部分同样用星号代替。这种处理方式不仅保护了个体隐私，还确保了数据的匿名性。有效性原则还要求脱敏后的数据，在需要时能通过特定算法进行恢复，但这一过程需严格控制，以防止敏感信息的泄露。此外，有效性原则的实施还需考虑数据的使用目的，确保脱敏后的数据仍能满足业务需求，如数据分析、测试等。

2. 真实性原则

数据脱敏的真实性原则强调脱敏后的数据应尽可能保持原始数据的统计和业务特性。这意味着脱敏过程不能破坏数据的结构、类型、依存关系以及语义完整性。为了实现这一点，脱敏方法需根据数据的统计特点进行设计。例如，在处理电话号码时，可以保留号码的格式和长度，仅对部分数字进行掩码处理。同样，对于地址信息，可以保留街道名称和大致区域，而对门牌号等具体信息进行脱敏。这种处理方式确保了脱敏后的数据在保持匿名性的同时，仍能反映出原始数据的统计趋势和业务逻辑。真实性原则还要求脱敏过程需考虑数据的上下文信息，以避免引入数据不一致性或错误。例如，在处理包含多个字段的数据集时，需确保各字段之间的逻辑关系在脱敏后仍然成立。

3. 高效性原则

数据脱敏的高效性原则要求脱敏过程能够自动化进行，且能在合理的时间内完成。为了实现这一目标，脱敏系统需采用高效的算法和技术。例如，在处理大规模数据集时，可以采用并行处理或分布式计算技术，以提高脱敏速度。同时，脱敏系统还需具备可重复性和稳定性，确保对同一数据集进行多次脱敏后，得到的结果是一致的。高效性原则还要求脱敏过程需考虑经济成本，即在保证数据安全的前提下，尽可能减少脱敏所需的资源投入。为了实现这一目标，可以采用预定义的脱敏规则集，根据数据类型和应用场景自动选择合适的脱敏方法。此外，高效性原则的实施还需考虑数据的动态性，即脱敏系统需能够处理实时更新的数据，确保数据的脱敏处理能够及时跟上数据的变化。

(二) 数据脱敏技术的类型

1. 静态数据脱敏技术

静态数据脱敏一般是指脱敏发生在非生产环境中，即数据完成脱敏后，形成目标数据库并存储于非生产环境中。①

静态脱敏技术主要应用于将数据从生产环境中抽取出，并进行脱敏处理，然后将脱敏后的数据分发至测试、开发、培训、数据分析等非生产环境。这种技术的核心在于"搬移并仿真替换"，即将原始数据中的敏感信息通过特定的脱敏算法进行变形，使得脱敏后的数据既保持了原有数据的格式和业务逻辑的真实性，又有效保护了个人隐私和商业机密不被泄露。

在具体实施静态脱敏时，技术人员会先对数据做好分类分级，并识别出敏感数据字段。这些敏感数据可能包括身份证号、手机号、银行卡号、个人姓名、家庭住址等。然后，根据数据的特性和使用场景，确定具体的脱敏策略。脱敏策略可能包括替换、遮盖、乱序、加密等多种手段。例如，对于身份证号，可以采取部分数字替换为"*"或随机数的方式进行脱敏；对于手机号，可以保留区号和最后几位，其余部分进行替换。

静态脱敏技术的优势在于其能够在数据外发前对敏感数据进行有效处理，从而防止敏感数据在未经授权的情况下被识别或滥用。同时，脱敏后的数据与生产环境隔离，满足了业务需要的同时，也保障了生产数据的安全。此外，静态脱敏技术还能够提高数据的使用效率，使得脱敏后的数据能够更安全地应用于测试、开发、分析和第三方使用环境中。

2. 动态数据脱敏技术

动态数据脱敏的主要目标是对外部申请访问的敏感数据进行实时脱敏处理，并即时返回处理后的结果，一般通过类似网络代理的中间件技术，按照脱敏规则对外部的访问申请和返回结果进行即时变形转换处理。②

动态脱敏的核心优势在于其实时性和灵活性。它能够根据用户的查询需求和权限，动态调整脱敏规则和策略，确保数据的准确性和安全性。例如，在运维人员直连生产数据库或业务人员通过生产环境查询客户信息时，动态脱敏技术能够根据用户的 IP 地址、MAC 地址或角色权限，采用改写查询 SQL 语句等方式返回脱敏后的数据。

动态脱敏在金融、电商和互联网行业中有着广泛的应用。在金融领域，动态脱敏技术用于保护客户的交易记录、账户余额等敏感信息，防止这些信息在业务处理过程中被泄露。电商行业则利用动态脱敏技术处理用户的购买记录、浏览记录等敏感信息，以保护用户隐私并促进数据分析。互联网行业则通过动态脱敏技术保护用户的个人信息，如手机号、邮箱地址等，确保这些信息在业

---

① 张尧学，胡春明. 大数据导论 [M]. 2 版. 北京：机械工业出版社，2021：157.
② 王瑞民. 大数据安全：技术与管理 [M]. 北京：机械工业出版社，2021：100.

务处理过程中的安全性。

动态脱敏的实施过程通常包括敏感信息识别、脱敏规则配置和查询拦截处理三个步骤。一是识别出数据库中的敏感信息字段；二是根据业务需求配置合适的脱敏规则；三是在代理层拦截用户的查询请求，根据脱敏规则对查询结果进行脱敏处理，并返回给用户。通过这种方式，动态脱敏技术能够在不影响业务处理的前提下，实时保护敏感数据的安全性。

（三）数据脱敏技术的作用

1. 保护个人隐私的关键防线

数据脱敏技术，作为一种信息安全手段，其核心作用在于保护个人隐私。在数字化时代，个人信息如身份证号、电话号码、银行账号等被广泛应用于各类信息系统。这些信息若未经妥善处理，极易成为不法分子窃取和滥用的目标。数据脱敏技术通过对这些敏感信息进行策略性的修改或替换，生成看似真实但不包含真正敏感细节的数据副本，从而有效避免了个人隐私的泄露。例如，在金融行业，客户的账户信息和交易记录是高度敏感的，通过数据脱敏处理，可以在不影响业务运作的前提下，确保这些信息不被非法获取。这种技术的应用，不仅保护了个人隐私，也维护了企业的声誉和法律合规性。

2. 满足合规要求与行业规范

随着数据保护法规的不断完善，如欧盟的通用数据保护条例等，数据脱敏技术成为企业满足合规要求的重要工具。这些法规对数据的使用、存储和传输提出了严格的规定，尤其是针对个人敏感信息的处理。数据脱敏技术通过创建脱敏后的数据副本，使得企业能够在不违反隐私法规的前提下，进行数据分析、测试和培训等活动。这不仅满足了法律法规的要求，也为企业提供了灵活的数据使用方式。在政务行业，政府及公共事业部门采集了大量的公民个人信息及企业敏感信息，这些数据需要通过数据脱敏处理，以满足政府部门数据共享和公共数据资源开放的需求，同时确保敏感信息不被泄露。这种技术的应用，促进了数据的合法合规使用，推动了信息社会的健康发展。

3. 提升数据安全与降低风险

数据脱敏技术在提升数据安全性和降低数据泄露风险方面发挥着至关重要的作用。在数据被提取并复制到非生产环境之前，通过静态数据脱敏处理，可以一次性完成数据的脱敏工作，适用于数据外发场景，如提供给第三方或用于测试数据库。而在数据查询过程中，动态数据脱敏技术能够实时地对敏感数据进行脱敏处理，确保即使查看数据的行为也不会暴露敏感信息。这种技术的应用，极大地降低了数据被非法访问和滥用的风险。特别是在电信行业和医疗行业，运营商和医疗机构存储了大量的客户信息，通过数据脱敏技术，可以对数据库查询返回的结果进行敏感数据遮盖，防止运维人员恶意查询和下载客户敏感信息。这不仅保护了客户的隐私，也提升了企业的数据安全水平。同时，数据脱敏技术还能够为软件测试、系统调试提供接近真实的测试数据，确保产品在实际环境中的稳定性和可靠性。

二、数据匿名化技术

（一）数据匿名化技术的概念

数据匿名化技术在现代数据处理中起着重要的作用，是存储或公开个人信息的标准程序的核心技术之一。[①] 数据匿名化技术是一种从数据集中移除或修改个人信息的过程，旨在防止数据被用于识别任何特定的个人。其核心在于确保数据的发布或共享不会侵犯个人隐私，同时保留数据的分析和研究价值。这种技术通过移除或转换个人识别信息，使数据失去与特定个体的可识别性，从而达到保护个人隐私的目的。数据匿名化技术的应用广泛，包括但不限于医疗、金融、电商等领域，在这些领域中，个人数据的隐私保护至关重要。

（二）数据匿名化技术的作用

1. 保护个人隐私安全

数据匿名化技术通过从数据集中移除或修改个人信息，确保数据的发布或共享不会侵犯个人隐私。这一技术对于维护个人隐私安全至关重要。在医疗数据中，患者的疾病信息与个人身份直接关联可能导致个人医疗隐私泄露，而数据匿名化则能有效避免这种情况。金融机构在处理客户交易数据时，同样可以通过匿名化处理，保护客户的隐私信息，避免信息泄露带来的风险。随着企业、政府等机构越来越多地存储个人信息，数据匿名化成为维护数据完整性和预防安全漏洞的重要手段。在高度敏感的医疗保健和金融行业，数据匿名化更是不可或缺，它能够满足监管要求，对患者或客户数据进行模糊处理，确保隐私安全。

2. 促进数据共享与合作

数据匿名化不仅保护个人隐私，还促进了不同组织、机构或研究人员之间的数据共享与合作。在科学研究、政策制定等领域，数据的公开发布对于推动

---

① 马晓仟，石瑞生. 网络空间安全专业规划教材：大数据安全与隐私保护 [M]. 北京：北京邮电大学出版社，2019：132.

知识进步和社会发展具有重要意义。然而，直接发布包含个人信息的原始数据可能侵犯隐私，导致法律风险。数据匿名化技术解决了这一问题，它使得数据能够在保护隐私的前提下被安全地共享和使用。例如，金融机构可以将匿名化处理后的客户交易数据与其他机构合作，进行风险模型的研究，从而提高金融服务的效率和准确性。同样，电商公司可以对用户的购买记录进行匿名化处理，然后将这些数据提供给市场研究公司，用于分析消费趋势，而无需担心用户的个人隐私被泄露。这种数据共享不仅有助于提升研究质量，还能促进跨行业合作，推动社会整体进步。

3. 遵守法律法规，降低法律风险

许多国家和地区都有严格的数据保护法规，要求对个人数据进行适当的处理以保障隐私。数据匿名化技术有助于企业和组织遵守这些法规，降低法律风险。例如，欧盟的《通用数据保护条例》对个人数据的处理和保护有明确规定，要求企业采取适当的技术和组织措施来保护个人数据的安全。数据匿名化作为一种有效的技术手段，能够帮助企业满足《通用数据保护条例》的要求，避免因数据泄露而面临的法律诉讼和罚款。同时，数据匿名化还能向公众展示企业对个人隐私的尊重和保护，从而提高公众对数据收集和使用的接受度和信任度。这种信任度的提升有助于企业建立良好的品牌形象，增强市场竞争力。

（三）数据匿名化的方法

1. 遮蔽与假名化

数据遮蔽是一种常见的数据匿名化手段，它通过对数据进行部分或全部的隐藏，使敏感信息无法被直接识别。这种技术通常涉及字符替换、图像遮蔽等具体操作。例如，在数据库中，个人的生日日期可以被"//＊＊＊＊"等符号取代，以保护隐私；在图像数据中，人脸可以用固定图形进行遮蔽。这种方法的优势在于操作简单，能迅速实现数据的匿名化处理。然而，遮蔽处理后的数据仍存在一定的风险，因为攻击者可能通过结合其他数据源或利用先进的解析技术，试图恢复被遮蔽的敏感信息。

假名化则是用假的标识符或假名来代替私人标识符，以保持统计的精确性和数据的保密性。这种技术允许改变后的数据用于创建、训练、测试和分析，同时保持数据的隐私。例如，在数据库中，可以用"鲁迅"这样的假名来替换"周树人"的真实姓名。假名化的关键在于确保假名与真实身份之间的映射关系被安全地存储和管理，以防止被未经授权的人员访问。尽管假名化可以提高数据的匿名性，但仍然存在被重新识别的风险，特别是当假名与真实身份之间的映射关系被泄露时。

2. 泛化与数据交换

泛化是一种通过删除或修改数据的某些细节，以减少其可识别性的方法。这种技术通常涉及将具体的数据值替换为更宽泛的类别或范围。例如，在数据集中，个人的年龄可以被替换为年龄范围（如20~29岁），具体的地址可以被替换为城市或地区级别。泛化的优势在于能够保留数据的统计特性，同时降低数据的敏感度。然而，过度的泛化可能导致数据失去分析价值，因为过多的细节被删除。

数据交换是一种将数据中某一列的属性与同一列中的其他属性进行交换的匿名化方法。这种方法适用于聚合数据，能够在一定程度上保护数据的隐私。通过数据交换，原始数据集中的个体特征被分散到不同的记录中，使得攻击者难以将特定记录与具体个人匹配。然而，数据交换也存在一定的局限性，例如它可能破坏数据之间的关联性，影响数据的分析准确性。此外，当数据集较大时，数据交换的操作复杂度也会增加。

3. 差分隐私与数据聚合

差分隐私是一种通过向数据添加噪声来保护隐私的方法。这种方法的基本思想是在数据发布前对数据进行处理，以确保个体隐私不会被泄露。差分隐私通过添加随机噪声来掩盖原始数据，使得即使攻击者获得了包含某个个体数据的子集，也无法推断出该个体的具体信息。差分隐私的优势在于能够提供严格的隐私保护，同时保持数据的统计特性。然而，添加噪声也可能导致数据的不准确性增加，影响数据的分析效果。

数据聚合则是将大量细粒度的数据合并成更加模糊的数据，以降低数据被再识别的可能性。这种方法通过合并相似或相关的数据记录，减少数据的详细程度，从而保护个人隐私。数据聚合的优势在于能够处理大规模数据集，同时保持数据的分析价值。然而，数据聚合也可能导致信息的丢失，特别是当聚合粒度过大时，数据可能失去其原有的细节和准确性。此外，数据聚合还需要考虑如何平衡数据的隐私保护和分析需求。

第七章 数据采集与处理技术的应用领域

在当今这个信息化高速发展的时代，数据采集与处理技术作为信息技术的核心组成部分，正以前所未有的速度渗透到社会经济的各个角落，引领着一场深刻的技术革命。从金融市场的精准预测到医疗健康的个性化管理，从环境保护的智能监测到电子商务的个性化推荐，数据采集与处理技术的应用范围之广、影响之深，令人瞩目。本章将深入探讨数据采集与处理技术在不同领域的前沿应用，旨在揭示其如何驱动各行业转型升级，提升服务效率与质量。本章将逐一剖析金融、医疗、环保和电子商务四大领域中数据采集与处理技术的应用，展现数据采集与处理技术应用的广阔前景。

第一节 数据采集与处理技术在金融领域的应用

一、金融数据定义与金融数据处理特点

（一）金融数据的定义

金融数据是指在各项金融活动中产生的数据。[1] 这些数据涵盖了金融市场的广泛领域，包括但不限于银行业、证券业、保险业以及新兴的金融科技行业等。它们是金融市场运作的核心要素，对于理解市场动态、评估风险、制定投资策略以及监管政策等方面具有至关重要的作用。从具体内容来看，金融数据包括了股票价格、债券收益率、外汇汇率、商品价格等市场指标，同时也包含了金融机构的财务报表、客户交易记录、信用评分等详细信息。此外，随着大

---

[1] 王希龙. 金融数据采集与分析系统设计研究［J］. 数字通信世界，2018（9）：142.

数据和人工智能技术的发展，金融数据还扩展到了社交媒体情绪分析、新闻报道等非传统数据源，这些数据对于预测市场走势、评估公司价值等方面提供了新的视角和工具。

金融数据的收集、分析和利用对于金融机构、投资者和政策制定者来说至关重要。金融机构可以通过分析客户数据来优化产品设计和服务，提高风险管理能力；投资者则可以利用金融数据来做出更加明智的投资决策，获取更高的投资回报；而政策制定者则可以通过监测和分析金融数据来及时发现市场风险和异常行为，确保金融市场的稳定和健康发展。金融数据是金融市场不可或缺的组成部分，它们承载着市场的运行规律、发展趋势和风险状况等重要信息。随着金融市场的不断发展和技术的不断进步，金融数据的价值将得到深入挖掘，为金融行业的持续创新和健康发展提供有力支持。

（二）金融数据处理的特点

数据是数字金融发展的关键要素，数据管理则是促进金融数据要素价值释放的核心。[1] 金融数据处理作为金融分析、决策支持与风险管理的基础环节，是将原始数据转化为有价值信息的关键步骤。这一过程不仅仅是技术上的操作，更蕴含了对金融数据特性的深刻理解和严格遵循。本书将结合金融数据的特性，详细阐述金融数据采集与处理的三个核心特点。一是输入数据质量要求高。金融数据直接关系到金融机构的运营决策、投资者的投资策略以及监管机构的政策制定，因此，数据的真实性、可靠性和准确性至关重要。在金融数据采集阶段，必须确保数据来源的权威性和合法性，避免虚假信息或误导性数据的混入。这要求采集过程需遵循严格的规范和标准，如采用标准化的数据接口、实施数据清洗和校验机制等，以确保数据的准确性和一致性。同时，金融数据的时效性也是质量要求的重要方面，快速获取并处理最新数据，能够帮助决策者及时把握市场动态，做出有效响应。二是数据安全性要求高。金融数据的共享、交易和转移相较于其他行业更为谨慎和私密。[2] 金融数据往往涉及个人隐私、商业秘密乃至国家安全，因此，其处理和存储过程中的安全性至关重要。这包括防止数据泄露、篡改和非法访问等多方面。在金融数据处理阶段，需采用先进的加密技术、访问控制机制和数据脱敏方法，确保数据在传输、存储和使用过程中的安全。此外，建立健全的数据备份和恢复机制，以应对可能的系统故障或自然灾害，也是保障数据安全不可或缺的一环。三是需处理的数

---

[1] 刘宾. 数字化背景下的金融业数据管理体系研究 [J]. 债券, 2024 (12)：28-33.
[2] 胡玉玮, 周之瀚. 做好数字金融大文章强化金融业数据治理 [J]. 债券, 2024 (12)：34-39.

据量大。随着金融市场的快速发展和金融科技的广泛应用，金融数据的生成速度和处理需求呈现出爆炸式增长。这不仅体现在数据量的绝对增加，还体现在数据类型的多样性和复杂性上，如结构化数据与非结构化数据并存，高频交易数据、社交媒体数据等新类型数据的涌现。因此，金融数据处理系统需要具备强大的数据处理能力和灵活的数据架构，能够高效处理海量数据，同时支持复杂的数据分析和挖掘任务，以满足金融机构日益增长的数据需求。

二、数据采集与处理技术应用于金融风险管理

（一）数据采集与处理技术应用于金融市场风险评估

金融市场是一个复杂且多变的系统，价格波动、利率变动、汇率波动等市场动态对金融机构的资产和负债产生深远影响。传统的风险管理方法往往依赖于历史数据和经验判断，难以实时捕捉市场动态，从而限制了风险管理的准确性和时效性。而数据采集与处理技术的引入，为金融市场风险评估带来了革命性的变化。数据采集技术能够实时捕捉市场动态，包括股票价格、债券收益率、外汇汇率等关键指标。通过部署在金融市场的传感器和实时数据接口，金融机构可以迅速获取到最新的市场信息，为风险管理提供及时的数据支持。这些数据不仅涵盖了传统的金融市场指标，还包括社交媒体、新闻报道等非结构化数据，为金融机构提供了更为全面、多维度的市场信息。

数据处理技术则可以对这些数据进行深入分析，构建市场风险模型。通过运用机器学习、深度学习等先进算法，金融机构可以挖掘出数据之间的潜在关联和规律，预测市场趋势和波动。这些模型能够实时更新和调整，以反映市场变化，为金融机构提供更为准确的风险评估结果。此外，数据采集与处理技术还可以帮助金融机构进行压力测试和情景分析。通过模拟不同的市场情景，金融机构可以评估自身在不同市场条件下的风险承受能力，为制定风险管理策略提供科学依据。

（二）数据采集与处理技术应用于信用风险评估

信用风险是金融机构面临的主要风险之一，它涉及借款人或债务人违约的风险。传统的信用风险评估方法主要依赖于借款人的财务报表、历史信用记录等信息，但这些信息往往存在滞后性和不完整性。而数据采集与处理技术的引入，为信用风险评估提供了新的解决方案。数据采集技术可以收集借款人的基本信息、财务状况、历史信用记录等数据。这些数据不仅来自金融机构内部的

数据库,还包括来自第三方征信机构、社交媒体等外部数据源。通过整合这些数据,金融机构可以构建更为全面、准确的借款人画像,为信用风险评估提供更为丰富的信息支持。

数据处理技术则可以对这些数据进行挖掘和分析,构建信用评分模型。这些模型可以综合考虑借款人的多个维度信息,如收入稳定性、负债水平、历史还款记录等,从而准确评估借款人的信用风险。同时,这些模型还可以根据市场变化和借款人行为的变化进行动态调整,以提高风险评估的准确性和时效性。此外,数据采集与处理技术还可以帮助金融机构进行信用欺诈监测。通过运用机器学习算法对交易数据进行实时监测和分析,金融机构可以识别出潜在的欺诈行为,及时采取措施防止损失发生。

(三) 数据采集与处理技术应用于金融操作风险评估

操作风险是指由于内部流程、人员、系统或外部事件等因素导致的损失风险。在金融机构中,操作风险无处不在,且难以完全避免。然而,通过数据采集与处理技术的应用,金融机构可以更有效地识别和管理操作风险。数据采集技术可以记录金融机构内部的各项操作活动,包括交易记录、系统日志等。这些数据记录了金融机构内部的操作流程和人员行为,为识别潜在的操作风险提供了重要线索。通过对这些数据的分析,金融机构可以发现操作过程中的薄弱环节和潜在漏洞,从而及时采取措施进行改进和修复。

数据处理技术可以对这些数据进行监控和分析,识别异常操作行为。通过运用机器学习算法对交易数据、系统日志等进行实时监测和分析,金融机构可以及时发现异常交易、异常登录等潜在风险事件,并采取相应的措施进行干预和处理。这种实时监控和预警机制有助于金融机构及时发现并应对潜在的操作风险,降低损失发生的可能性。然而,数据采集与处理技术在金融风险管理中的应用也面临一些挑战。例如,数据隐私和安全问题一直是金融机构关注的焦点。在采集和处理数据时,金融机构需要确保数据的合法性和合规性,防止数据泄露和滥用。此外,随着技术的不断发展,金融机构还需要不断学习和掌握新的数据采集与处理技术,以适应市场变化和风险管理需求的变化。

三、数据采集与处理技术应用于金融领域客户关系管理

(一) 数据采集与处理技术应用于客户画像构建

客户画像是金融机构理解客户需求、制定个性化服务策略的基础。传统的

客户画像构建主要依赖于问卷调查、人工访谈等方式，这种方法不仅耗时耗力，而且难以全面、准确地反映客户的真实需求和行为特征。数据采集与处理技术的引入，极大地提升了客户画像构建的效率和精度。金融机构通过数据采集技术，能够轻松获取客户的个人信息（如年龄、性别、职业、家庭状况等）、交易记录（如存款、贷款、投资、保险购买等）、社交媒体行为（如浏览记录、点赞、评论等）以及位置信息等。这些数据覆盖了客户的财务状况、消费习惯、兴趣爱好等多个方面，为构建全面的客户画像提供了丰富的素材。

面对海量、异构的数据，数据处理技术发挥着至关重要的作用。通过数据清洗、去重、格式转换等预处理步骤，确保数据的准确性和一致性。随后，运用数据挖掘、机器学习等技术，对客户的交易模式、消费偏好、风险承受能力等进行分析，挖掘出隐藏在数据背后的规律和趋势。这些分析结果被整合到客户画像中，形成了对客户全方位、深层次的理解。基于构建的客户画像，金融机构可以为客户提供更加精准的产品推荐和服务定制。例如，针对年轻、高收入的职场人士，推荐高收益的理财产品或个性化的贷款方案；对于中老年客户，则可能更注重稳健的投资产品和便捷的金融服务。同时，随着客户行为和市场的变化，客户画像需要不断迭代更新，以保持其时效性和准确性。

（二）数据采集与处理技术应用于金融客户满意度的提升

客户满意度是衡量金融机构服务质量的重要指标，直接关系到客户的留存率和口碑传播。数据采集与处理技术的应用，使得金融机构能够更及时、准确地了解客户的满意度情况，从而采取针对性措施进行改进。金融机构通过设立在线满意度调查、客户反馈系统等渠道，实时收集客户对产品和服务的评价。同时，利用自然语言处理技术对社交媒体、客服热线等渠道的客户反馈进行文本挖掘和情感分析，识别出客户的不满和抱怨。这些指标为金融机构提供了改进服务的直接依据。

除了简单的满意度评分外，金融机构还需要深入挖掘客户的具体评价内容。通过情感分析技术，可以识别出客户对产品的喜好程度、对服务的满意度以及改进建议等。这些信息有助于金融机构更准确地把握客户的需求和痛点，从而制定更加有效的改进措施。基于客户反馈的分析结果，金融机构可以迅速响应并采取措施进行改进。例如，针对客户反映的客服响应慢、流程复杂等问题，优化客服流程和系统；对于产品功能不足或体验不佳的情况，则进行产品迭代升级。同时，建立客户反馈的闭环管理机制，确保问题得到及时解决并跟踪改进效果。此外，金融机构还可以通过数据分析预测客户流失的风险，及时采取措施挽留客户。例如，对即将到期的产品或服务进行提前提醒和续签引导；对长期未使用或活跃度低的客户进行激活和关怀等。这些措施有助于提升客户满意度和忠诚度，减少客户流失。

四、数据采集与处理技术应用于信贷评估

（一）数据采集与处理技术应用于借款人基本信息收集

在信贷评估的初步阶段，金融机构需要收集借款人的基本信息，以了解其基本情况。这些信息是评估借款人信用状况的基础，也是后续信贷决策的重要依据。金融机构通过数据采集技术，可以高效、准确地收集借款人的基本信息。这些信息包括但不限于姓名、年龄、性别、职业、工作单位、联系方式等。数据采集技术可以通过多种渠道实现，如在线申请表、第三方数据提供商、社交媒体等。这些渠道为金融机构提供了丰富的数据源，使得信息收集更加全面、便捷。收集到的基本信息需要进行清洗、整理和分析，以确保其准确性和一致性。数据处理技术通过数据去重、格式转换、缺失值填充等步骤，对原始数据进行预处理。随后，运用数据挖掘和机器学习技术，对借款人的基本信息进行深度分析，挖掘出潜在的风险点和机会点。例如，通过分析借款人的职业稳定性和收入水平，可以初步判断其还款能力和信用状况。

（二）数据采集与处理技术应用于信用记录分析

信用记录是评估借款人信用风险的重要依据。金融机构需要收集并分析借款人在不同金融机构的信用记录，以全面了解其信用状况。数据采集技术能够跨平台、跨机构地收集借款人的信用记录。这些记录包括贷款还款记录、信用卡使用情况、逾期记录等。通过整合这些信息，金融机构可以构建出借款人的信用历史画卷，为信贷评估提供有力的数据支持。数据处理技术则可以对收集到的信用记录进行深入分析。通过计算信用评分、分析逾期次数和金额、评估还款意愿和还款能力等指标，金融机构可以更加准确地判断借款人的信用风险。同时，处理技术还可以对借款人的信用记录进行趋势分析，预测其未来的信用状况。这些分析结果有助于金融机构制定更加合理的信贷策略，降低信贷风险。

（三）数据采集与处理技术应用于经营状况评估

对于企业和个体工商户等借款人，金融机构还需要评估其经营状况，以判断其还款能力和未来发展潜力。数据采集技术可以收集借款人的财务报表、销

售数据、库存情况等信息。这些信息反映了借款人的盈利能力、运营效率、资产状况等关键财务指标。通过整合这些信息，金融机构可以全面了解借款人的经营状况，为信贷评估提供有力的数据支撑。数据处理技术可以对收集到的经营数据进行深度挖掘和分析。通过计算财务指标（如利润率、资产负债率、流动比率等），评估借款人的经营能力和还款能力。同时，数据处理技术还可以对借款人的经营数据进行趋势分析和预测，判断其未来的发展前景和还款潜力。这些分析结果有助于金融机构更加准确地判断借款人的信贷风险，制定更加合理的信贷方案。此外，数据采集与处理技术还可以应用于信贷评估的后续阶段。例如，通过实时监测借款人的还款情况和经营状况，金融机构可以及时发现潜在的风险点，并采取相应的措施进行干预和管理。这有助于降低信贷风险，提高信贷资产的质量。

五、数据采集与处理技术在投资分析方面的应用

（一）数据采集与处理技术应用于市场趋势分析

市场趋势分析是金融投资中的重要环节，它能够帮助投资者识别市场的整体走向，捕捉投资机会。数据采集与处理技术在市场趋势分析中发挥着至关重要的作用。在金融市场中，信息的时效性至关重要。数据采集技术能够实时捕捉市场动态，包括股票价格、债券收益率、外汇汇率、商品期货价格等关键指标。这些数据是市场趋势分析的基础，它们的实时性和准确性直接影响到分析结果的可靠性。通过高效的数据采集技术，金融机构可以迅速获取市场数据，为投资决策提供及时的信息支持。收集到的市场数据需要经过深入的分析和处理，才能揭示出市场的内在规律和趋势。数据处理技术可以对这些数据进行时间序列分析、趋势预测、相关性分析等，帮助投资者把握市场的整体走向和潜在机会。例如，通过时间序列分析，投资者可以识别出股票价格的长期趋势和短期波动，从而制定出相应的投资策略。此外，处理技术还可以对市场数据进行聚类分析和异常检测，发现市场的异常波动和潜在风险，为投资者提供预警信息。

（二）数据采集与处理技术应用于量化投资

金融行业作为国家经济的命脉所在，在数智化时代背景下，深度融入大数据、云计算与人工智能等新技术，改变了金融领域的生态格局和价值创造方式。① 量化投资是一种基于数学模型和计算机算法的投资策略，它利用大量的历史数据和实时数据来指导投资决策。数据采集与处理技术在量化投资中发挥着核心作用。量化投资需要收集大量的历史数据和实时数据，包括股票价格、成交量、财务数据、宏观经济数据等。数据采集技术能够全面、高效地收集这些数据，为量化投资提供丰富的信息源。同时，数据采集技术还可以对社交媒体、新闻报道等非结构化数据进行挖掘和分析，提取出有用的信息来辅助投资决策。数据处理技术可以对这些数据进行特征提取、模式识别、回归分析等，发现数据之间的内在联系和规律。基于这些分析结果，投资者可以构建出量化投资策略，如股票筛选模型、风险控制模型等。此外，处理技术还可以对量化投资模型进行实时更新和优化，以适应市场的变化。

六、数据采集与处理技术应用于金融监管

（一）数据采集与处理技术应用于金融监管数据报送

金融监管机构要求金融机构定期报送相关数据和信息，以评估其业务合规性、风险状况和市场行为。这一过程对于金融机构来说既复杂又耗时，而且容易出错。数据采集与处理技术的应用，为金融机构提供了自动化、高效的数据报送解决方案。金融机构内部的数据和信息种类繁多，包括财务报表、交易记录、客户资料等。数据采集技术能够自动从这些数据源中提取所需的数据和信息，无需人工手动输入，大大提高了数据收集的效率和准确性。通过预设的数据采集规则和算法，系统能够实时或定期地从各个业务系统中抓取数据，确保数据的及时性和完整性。

数据处理技术能够对数据进行智能化的处理，包括数据去重、格式转换、缺失值填充等步骤，确保数据的准确性和一致性。同时，处理技术还能够根据监管机构的报表模板和要求，自动生成符合标准的报表和报告。这不仅节省了金融机构的时间和人力成本，还提高了报表的准确性和可读性。通过数据采集与处理技术的应用，金融机构可以建立一个自动化的数据报送流程。该流程能够实时或定期地将数据从业务系统传输到监管机构指定的系统或平台上，无需人工干预。这不仅提高了数据报送的效率，还减少了人为错误的可能性，增强了金融机构的合规性。

---

① 郭凡莹. 数智推动金融高质量发展的路径探究 [J]. 投资与创业，2024，35 (24)：1-3.

(二) 数据采集与处理技术应用于金融合规性监测

金融合规性监测是金融监管的重要组成部分，它要求金融机构实时监测其业务活动是否符合监管要求，及时发现并纠正违规行为。数据采集与处理技术的应用，为金融机构提供了实时监测和分析业务数据的手段，提高了合规性监测的效率和准确性。金融机构内部的业务数据和信息种类繁多，包括交易记录、客户资料、风险敞口等。数据采集技术能够全面覆盖这些数据源，实时收集业务数据和信息。通过预设的数据采集规则和算法，系统能够实时监测业务活动的动态变化，确保数据的及时性和完整性。数据处理技术能够对数据进行实时监测和分析，通过预设的合规性监测指标和阈值，对业务数据进行实时的风险评估和预警。当业务数据超过预设的阈值时，系统会及时发出预警信号，提醒金融机构采取相应的纠正措施。这不仅有助于金融机构及时发现并纠正违规行为，还提高了合规性监测的效率和准确性。随着金融监管要求的不断变化和更新，合规性监测系统需要不断进行智能化升级和优化。数据采集与处理技术的应用为合规性监测系统的智能化升级提供了技术支持。

第二节 数据采集与处理技术在医疗领域的应用

一、医疗数据的特点

医疗数据具有数据量大这一显著特征。随着医疗技术的不断进步和医疗信息化建设的深入，医疗机构每天都会产生海量的数据。这些数据包括但不限于患者的病历记录、检查结果、影像资料、生理参数等，其数量之大、规模之广，使得医疗数据成为大数据领域的重要组成部分。医疗数据的种类多样。医疗数据不仅包含传统的文本信息，如病历描述、诊断报告等，还涵盖了大量的数值数据，如血压、血糖等生理指标，以及图像数据。随着物联网和可穿戴设备的发展，医疗数据还逐渐扩展到患者的日常活动、饮食习惯等非传统医疗信息，这进一步丰富了数据的种类。

医疗数据具有价值高的特点。医疗数据蕴含着丰富的临床信息和科研价值，对于提高医疗服务质量、优化诊疗流程、推动医学研究和创新具有重要意义。通过对医疗数据的深入挖掘和分析，可以发现潜在的疾病风险、制订个性化的治疗方案，甚至推动新药研发和医疗技术的革新。此外，医疗数据产生速度快。随着医疗设备的自动化和智能化水平不断提高，医疗数据的生成速度也在加快。特别是在急诊、重症监护等场景中，数据的实时性和准确性尤为重要，这对于及时做出正确的医疗决策至关重要。

二、数据采集与处理技术应用于医疗

（一）数据采集与处理技术在医疗系统、信息平台建设中的应用

在医疗信息化的大背景下，数据采集与处理技术扮演着至关重要的角色，它不仅为各类医疗信息系统提供了坚实的数据基础，还极大地促进了医疗资源的优化配置和患者就医体验的改善。数据采集技术通过高效、精准的方式，从各类医疗设备、信息系统以及患者个人设备中收集海量的医疗数据。这些数据包括但不限于患者的生理参数、影像资料、病历记录、检验检查结果等，构成了医疗信息平台的基石。而处理技术则对这些数据进行清洗、整合、存储，确保数据的准确性、完整性和时效性。通过建立海量医疗数据库，医疗机构能够实现对患者信息的全面管理，为临床决策、科研分析提供强有力的支持。数据更新、挖掘分析、管理等功能也是数据采集与处理技术在医疗信息平台建设中的重要应用。通过对医疗数据的持续更新和深度挖掘，医疗机构能够及时发现潜在的医疗风险，优化诊疗流程，提高医疗服务质量。同时，这些数据还可以为医疗政策的制定、医疗资源的配置提供科学依据，推动医疗行业的持续健康发展。

（二）数据采集与处理技术在临床辅助决策中的应用

在临床辅助决策的广阔舞台上，数据采集与处理技术的引入如同一场革命，为医疗领域带来了前所未有的变革。这一技术的应用，使得医生能够以前所未有的深度和广度获取患者的各类信息，从而极大地提升了诊断的精确度与治疗的效率。随着科学技术的不断发展，我国医疗设备也在不断更新优化。[1]具体而言，数据采集技术通过先进的医疗设备、电子病历系统等手段，全面而细致地搜集患者的影像数据、详尽的病历资料以及各类检验和检查结果。这些数据如同构建患者健康画像的基石，为医生提供了全方位、多层次的视角来审视患者的健康状况。在此基础上，处理技术的介入则如同一把钥匙，打开了通

---

[1] 司皓文，李杰，张正君. 大数据时代下医疗设备管理的现状分析与发展方向探究［J］. 中国设备工程，2024（24）：66-68.

往更深层次医疗洞察的大门。通过运用机器学习和数据挖掘等分析方法，医生能够在大数据系统中挖掘出与当前患者症状相似的过往病例，进而深入分析这些病例的疾病机理、潜在病因以及成功或失败的治疗方案。这一过程不仅为医生提供了更为丰富、细致的临床信息，更为他们制定科学、合理的诊断决策提供了有力的支持。值得注意的是，这种基于大数据和先进算法的临床辅助决策方式，不仅显著提高了诊断的准确性，还为患者带来了更为个性化、精准的治疗方案。通过细致分析患者的个体差异和病情特点，医生能够量身定制出最适合患者的治疗方案，从而在实现治疗效果最大化的同时，也最大限度地降低了患者的治疗风险和不适感。

（三）数据采集与处理技术在健康监测中的应用

随着社会的发展和人们健康意识的提高，公众对医疗服务的需求日益多样化。[1] 在居民健康监测方面，数据采集与处理技术的应用同样具有重要意义。它不仅能够为居民提供全面的健康档案，还能够通过智能化监测和个性化健康管理服务，提升居民的健康水平。数据采集技术能够收集居民的全部诊疗信息和体检信息，构建起完善的健康档案。这些信息包括患者的病史、过敏史、家族遗传病史等，为医生提供全面的患者背景信息，有助于制订更为精准的治疗方案。同时，健康档案还可以作为居民个人健康管理的依据，帮助他们更好地了解自己的健康状况，制定合理的生活方式和健康管理计划。在智能化监测方面，数据处理技术通过对居民健康数据的挖掘和分析，能够实时监测居民的健康状况。一旦发现异常情况，系统可以自动发出预警信息，提醒居民及时就医或调整生活方式。

（四）数据采集与处理技术在医药研发、医药副作用研究中的应用

在医药研发和医药副作用研究领域，数据采集与处理技术的应用同样具有深远的意义。它不仅能够优化医药公司的研发流程，提高新药推向市场的效率；还能够通过大规模的数据分析，发现药物的潜在副作用，为患者的安全用药提供保障。在医药研发方面，数据采集与处理技术通过分析来自互联网上的公众疾病药品需求趋势，为医药公司提供了宝贵的市场洞察。这些数据可以帮助公司确定更为有效的投入产出比，合理配置有限的研发资源。同时，通过对临床试验数据的深入挖掘和分析，医药公司能够更快地发现新药的有效性和安

---

[1] 刘晨.医联体建设背景下区域医疗服务体系智慧中台建设研究[J].网络安全和信息化，2025(1)：8-10.

全性问题，及时调整研发策略，降低研发风险。

在医药副作用研究方面，数据采集与处理技术能够从千百万患者的数据中挖掘与某种药物相关的不良反应，获得更为真实、可靠的研究结果。这些结果不仅有助于医药公司及时发现并处理药物的副作用问题，还能够为患者的安全用药提供科学依据。同时，这些数据还可以为监管机构提供有力的监管支持，推动医药行业的持续健康发展。

第三节 数据采集与处理技术在环保领域的应用

一、数据采集技术在环保领域的应用

（一）数据采集技术应用于大气监测

数据是环境监测的成果，也是实施环境管理的基石，在整个环保体系中，数据占据重要位置，起着重要作用。[①] 大气监测作为环保领域的核心任务之一，对于评估空气质量、预测气象变化、制定环保政策等方面具有至关重要的作用。数据采集技术在大气监测中的应用，无疑为这一领域注入了新的活力。通过精心部署的空气质量监测站，我们能够实时捕捉到空气中二氧化硫、氮氧化物、颗粒物等关键污染物的精确浓度数据。这些监测站通常位于城市的关键位置，如工业区、交通要道、居民区等，以确保所采集的数据能够全面反映城市的空气质量状况。高精度传感器作为监测站的核心部件，能够敏锐地感知大气中的细微变化，并将这些宝贵的数据迅速传输至数据中心。这些数据的实时性和准确性，为后续的分析决策提供了坚实的支撑。

在大气监测中，数据采集技术的应用不仅提高了监测的效率和准确性，还为环保部门提供了更为全面、细致的环境数据。这些数据如同宝贵的"环境档案"，记录着大气环境的变化历程。通过对这些数据的分析，我们可以深入了解空气质量的时空分布特征，识别污染源，评估污染程度，为制定有效的治理措施提供科学依据。同时，这些数据还为环保政策的制定提供了有力的数据支持，有助于推动空气质量持续改善。此外，数据采集技术在大气监测中的应

---

① 彭雨晴. 环保大数据在环境污染防治管理中的应用 [J]. 皮革制作与环保科技，2023，4(17)：52-54.

用还促进了气象预报的精准化。空气质量监测站所采集的数据，可以与气象数据进行融合分析，从而更准确地预测气象变化对空气质量的影响。这对于防范极端天气事件、减少空气污染对人们健康的影响具有重要意义。

（二）数据采集技术应用于水质监测

水质监测是保护水资源、维护水生态平衡的关键环节。数据采集技术在水质监测中的应用，同样为这一领域带来了革命性的变化。水质监测站通常配备了先进的水质分析仪等设备，能够实时监测水中的溶解氧、氨氮、总磷、总氮等关键水质指标。这些指标是衡量水质状况的重要依据，对于评估水体的污染程度、判断水体的自净能力等方面具有重要意义。水质分析仪如同水质的"体检仪"，为我们提供了详尽的水质数据，使我们能够及时了解水体的健康状况。为了实现对水质的连续监测和预警，我们还在水体中部署了传感器网络。这些传感器如同水质的"守护者"，24小时不间断地监测着水质的变化。一旦水质出现异常，如溶解氧含量下降、氨氮浓度升高等，系统能够迅速发出警报，提醒相关部门及时采取措施，防止水污染事件的进一步扩散。这种实时的监测和预警机制，对于保障水质安全、维护水生态平衡具有重要意义。

水质监测数据的采集和传输，为环保部门提供了及时、准确的水质信息。这些数据反映了水体的健康状况，是制定环保政策、评估治理效果的重要依据。通过对这些数据的分析，我们可以了解水体的污染状况、污染源分布、污染程度等信息，为制定有效的治理措施提供科学依据。同时，这些数据还可以为科学研究提供宝贵的数据资源，推动水质监测技术的不断创新和发展。值得注意的是，数据采集技术在水质监测中的应用还促进了水资源的合理利用和保护。通过对水质数据的深入分析，我们可以了解水资源的分布状况、水质变化趋势等信息，为水资源的合理配置和调度提供科学依据。这有助于实现水资源的可持续利用，推动经济社会的可持续发展。

（三）数据采集技术应用于土壤污染监测

土壤污染是影响农产品安全和生态环境的重要因素。为了有效监测土壤污染，我们部署了土壤污染监测设备。这些设备能够实时收集土壤中的重金属、有机污染物等关键数据，敏锐地感知着土壤中的污染状况。通过对这些数据的分析，我们能够了解土壤污染的程度和范围，为制定土壤修复和保护措施提供科学依据。同时，这些数据还如同土壤的"病历"，记录了土壤污染的历史和现状，为后续的环保政策制定和科学研究提供了宝贵的资料。此外，数据采集技术还可以应用于土壤污染的预警和应急响应。通过实时监测土壤中的污染物浓度，我们能够及时发现潜在的土壤污染风险，并采取相应的应急措施，防止土壤污染事件的进一步恶化。

二、数据处理技术在环保领域的应用

（一）大数据处理技术在环保领域的应用

在环保领域，通过收集和分析海量的环境数据，我们能够揭示环境变化的规律和趋势，为环保政策的制定提供科学依据。例如，通过分析历史气象数据、空气质量数据以及交通流量数据，我们能够识别出影响空气质量的关键因素和重点区域。这些关键因素可能包括工业排放、交通尾气、城市建设等，而重点区域则可能是人口密集区、工业区等。通过对这些因素和区域的分析，我们能够制定针对性的治霾措施，如加强工业排放监管、优化交通流量、推广清洁能源等。此外，大数据分析还可以用于评估环保政策的效果。通过将政策实施前后的环境数据进行对比，我们能够直观地看到政策带来的环境变化，为后续决策提供依据。在大数据处理技术的应用中，我们还需要关注数据的准确性和可靠性。只有确保数据的真实性和完整性，才能得出准确的结论和有效的决策。因此，在数据采集、传输、存储和分析等各个环节，我们都需要严格遵守相关标准和规范，确保数据的准确性和可靠性。

（二）地理信息系统的数据处理技术在环保领域的应用

地理信息系统在环保领域的应用具有得天独厚的优势。通过将环境数据与地理空间信息相结合，我们能够实现环境数据的空间分布分析和可视化展示。这种"地图+数据"的方式，使得我们能够更加直观地了解环境问题的分布和变化。地理信息系统可以用于环境监测站点的优化布局和规划。通过对环境数据的空间分析，我们能够确定监测站点的最佳位置和数量，提高监测效率和准确性。这种科学、合理的布局方式，不仅能够节省监测成本，还能够提高监测数据的可靠性和代表性。在地理信息系统的应用中，我们还需要关注数据的更新和共享。只有确保数据的实时更新和共享，才能使得地理信息系统在环保领域发挥更大的作用。

第四节　数据采集与处理技术在电子商务领域的应用

一、数据采集与处理技术应用于电子商务领域

(一) 数据采集与处理技术应用于电子商务领域用户行为分析

电子商务通过对市场信息及客户信息的收集、整理和深挖，精确分析市场形势、精准把握用户需求，极大促进了电子商务经济效益的提升。[①] 用户行为分析在电子商务领域中扮演着至关重要的角色，它不仅是企业理解消费者需求、优化用户体验的重要途径，也是制定精准市场策略、提升竞争力的关键所在。数据采集与处理技术的引入，为这一领域带来了前所未有的深度和广度。数据采集技术能够全面捕捉用户在电子商务平台上的各种行为数据。这些数据包括但不限于用户的浏览记录、搜索关键词、点击行为、停留时间、购买记录、退货率、评价反馈等。这些行为数据如同用户的"数字足迹"，反映了他们的兴趣偏好、购买习惯以及潜在需求。通过实时或定期采集这些数据，企业能够建立起庞大的用户行为数据库，为后续的分析和决策提供坚实的基础。

数据处理技术则发挥着对这些海量数据进行深度挖掘和解析的作用。利用先进的算法和模型，企业可以对用户行为数据进行聚类分析、关联分析、趋势预测等，从而揭示出用户行为的内在规律和潜在趋势。例如，通过聚类分析，企业可以将用户划分为不同的群体，识别出每个群体的共同特征和需求；通过关联分析，企业可以发现不同商品或服务之间的关联关系，为精准推荐和捆绑销售提供依据；通过趋势预测，企业可以预测未来一段时间内用户的购买倾向和市场走向，为库存管理和市场策略调整提供前瞻性指导。

在用户行为分析的基础上，企业可以制定更加精准的市场策略。一方面，企业可以根据用户的兴趣偏好和购买习惯，推送个性化的商品推荐和服务信息，提高用户的满意度和忠诚度。另一方面，企业还可以通过分析用户反馈和评价，及时发现产品和服务中的不足之处，进行有针对性的改进和优化。此外，企业还可以利用用户行为数据来评估不同市场策略的效果，如促销活动、

[①] 廖娟，阮运飞. 大数据时代电子商务安全与数据分析平台分析 [J]. 电脑知识与技术，2019，15 (30)：291-292.

广告投放等，从而不断优化市场策略，提高营销效率和投资回报率。

（二）数据采集与处理技术应用于电子商务领域的广告投放优化

广告投放是电子商务企业获取新用户、提升品牌知名度和销售额的重要手段之一。然而，随着市场竞争的日益激烈和广告成本的不断攀升，如何优化广告投放策略、提高广告投资回报率成为企业关注的焦点。数据采集与处理技术的引入，为这一问题的解决提供了新的思路和方法。在广告投放过程中，数据采集技术能够实时捕捉广告的展示次数、点击次数、转化率等关键指标数据。这些数据反映了广告在不同投放渠道、不同时间段以及不同受众群体中的表现情况。通过对这些数据的实时采集和汇总，企业可以建立起广告效果监测体系，及时了解广告投放的效果和存在的问题。

数据处理技术利用先进的算法和模型，企业可以对广告数据进行归因分析、受众细分、创意优化等。归因分析可以帮助企业确定哪些投放渠道和受众群体对广告转化率的贡献最大，从而优化投放渠道和受众定位；受众细分则可以根据用户的兴趣偏好和行为特征，将受众划分为不同的群体，为精准投放和个性化推荐提供依据；创意优化则可以通过分析不同广告创意的点击率和转化率，筛选出效果最佳的广告创意，提高广告的吸引力和转化率。

在广告投放优化的过程中，企业还可以利用分割测试等方法来验证不同投放策略的效果。分割测试是一种常用的对比实验方法，它通过将用户随机分配到不同的实验组和对照组中，来比较不同策略下的广告效果。通过分割测试，企业可以客观地评估不同投放策略的有效性，从而做出更加科学的决策。此外，随着大数据和人工智能技术的不断发展，企业还可以利用机器学习算法对广告数据进行预测和分析。这些算法可以根据历史数据来预测未来一段时间内广告的转化率、点击率等指标，从而帮助企业提前调整投放策略，提高广告的投放效率和投资回报率。

（三）数据采集与处理技术应用于电子商务领域的供应链管理

供应链管理是电子商务企业运营效率的关键环节之一。它涉及商品采购、库存管理、物流配送等多个环节，直接关系到企业的成本控制、客户体验和市场竞争力。数据采集与处理技术的引入，为电子商务企业的供应链管理带来了前所未有的变革和提升。在供应链管理中，数据采集技术能够实时捕捉销售数据、库存数据、物流数据等关键信息。销售数据反映了企业的销售情况和市场需求；库存数据则揭示了企业的库存水平和缺货情况；物流数据则反映了货物的运输状态和配送效率。通过对这些数据的实时采集和汇总，企业可以建立起全面的供应链监控体系，及时了解供应链的运行状况和问题所在。

利用先进的算法和模型，企业可以对供应链数据进行需求预测、库存优化、物流配送路径规划等。需求预测可以帮助企业提前预测未来一段时间内商品的需求量，从而合理安排采购计划和生产计划；库存优化则可以根据实际需求和销售预测来调整库存水平，降低库存成本和缺货风险；物流配送路径规划则可以根据货物的目的地和运输要求来优化配送路线和配送时间，提高物流效率和客户满意度。在供应链管理中，企业还可以利用数据分析来优化供应商的选择和管理。通过对供应商的供货质量、交货时间、价格等数据进行评估和分析，企业可以筛选出优质的供应商并建立长期合作关系，从而提高供应链的可靠性和稳定性。同时，企业还可以利用数据分析来监测供应商的表现和绩效，及时发现潜在的问题和风险，并采取相应的措施进行改进和优化。此外，随着物联网技术的不断发展，企业还可以将物联网技术与数据采集和处理技术相结合，实现供应链的智能化管理。例如，通过在商品上安装传感器等物联网设备，企业可以实时追踪商品的库存状态、运输位置和状态等信息，从而实现对供应链的实时监控和管理。这种智能化的管理方式不仅提高了供应链的透明度和可视化程度，还降低了人工干预和错误的风险。

二、数据采集与处理技术在电子商务领域面临的挑战与应对策略

（一）电子商务领域的数据质量与数据预处理

在电子商务领域，数据质量是数据分析与决策的基础。然而，由于数据来源的多样性、用户行为的复杂性以及系统处理的局限性，电子商务数据往往伴随着噪声、异常值、重复数据和缺失数据等问题。这些问题不仅增加了数据处理的难度，还可能误导数据分析结果，进而影响企业的战略决策。因此，数据预处理成为电子商务领域不可或缺的一环。

1. 电子商务领域的数据噪声与异常值处理

数据噪声是指在数据中随机出现的误差或干扰，它可能源于用户输入错误、系统错误、设备故障或恶意攻击等多种因素。在电子商务数据中，噪声的存在会导致数据的不准确和不稳定，进而影响数据分析的可靠性。为了处理噪声问题，企业可以采用数据清洗技术。数据清洗是指通过一系列操作，如数据过滤、数据平滑和数据变换等，来识别和剔除数据中的噪声。例如，企业可以使用统计方法，如均值滤波、中值滤波或高斯滤波等，来平滑数据，减少噪声的影响。此外，机器学习算法，如决策树、随机森林或神经网络等，也可被用

于识别和剔除数据中的异常值。这些算法通过训练模型，学习数据的正常分布模式，从而能够识别并剔除那些明显偏离正常分布的数据点。

2. 电子商务领域的数据重复与缺失处理

数据重复是指数据集中存在多条完全相同或高度相似的记录。在电子商务数据中，重复数据的出现可能是由于用户重复提交信息、系统错误或数据同步问题等原因造成的。重复数据的存在会导致数据冗余，增加数据处理的负担，并可能误导数据分析结果。为了处理重复数据问题，企业可以采用去重算法。去重算法通过比较数据集中的记录，识别并删除重复数据。例如，基于哈希表的去重方法通过计算数据的哈希值来识别重复数据；而基于相似度计算的去重方法则通过计算数据之间的相似度来识别重复数据。另一方面，数据缺失也是一个不容忽视的问题。缺失数据可能导致数据分布的不均衡，影响数据分析的准确性。为了处理缺失数据问题，企业可以采用插值法、均值填充法或基于机器学习算法的预测填充法等方法进行补全。插值法通过计算相邻数据点的值来估算缺失数据的值；均值填充法则用数据集中其他数据的平均值来填充缺失数据；而基于机器学习算法的预测填充法则通过训练模型来预测缺失数据的值。

3. 电子商务领域的数据标准化与归一化

电子商务平台上的数据往往来自不同的渠道和平台，具有不同的格式和标准。这种多样性给数据的统一处理和分析带来了挑战。为了解决这个问题，企业需要对数据进行标准化和归一化处理。标准化是指将数据按照一定的规则进行转换，使其符合特定的格式或标准。例如，企业可以将日期数据转换为统一的格式；将货币数据转换为统一的货币单位，如人民币或美元等。通过标准化处理，企业可以确保不同平台之间的数据能够相互识别和交换。而归一化则是指将数据缩放到一个特定的范围内，以便进行后续的数据处理和分析。归一化可以消除不同数据之间的量纲差异，使得数据在相同的尺度上进行比较和分析。例如，企业可以将商品的价格数据归一化到 0 到 1 的范围内，以便进行价格比较和分析。通过标准化和归一化处理，企业可以确保数据的准确性和一致性，提高数据分析的准确性和可靠性。

（二）电子商务领域的数据安全与隐私保护

随着电子商务市场的快速发展，用户隐私和数据安全问题日益凸显。如何在保障用户隐私和数据安全的前提下，实现数据的采集、处理和利用，成为电子商务企业必须面对的重要挑战。为了应对这一挑战，企业需要采取一系列措施来加强数据安全与隐私保护。

1. 电子商务领域加密技术的应用

加密技术是保护数据安全的重要手段之一。在数据采集和传输过程中，企业可以采用加密协议来确保数据在传输过程中的安全性和完整性。加解密协议通过加密数据通道，防止数据在传输过程中被截获或篡改。同时，在数据存储过程中，企业也可以采用加密算法对数据进行加密存储。加密算法通过将数据转换为不可读的密文形式，防止数据在存储过程中被非法访问。例如，企业可以采用对称加密算法或非对称加密算法对数据进行加密存储。这些加密算法具有较高的安全性和可靠性，能够有效地保护数据的安全。

2. 电子商务领域数据系统访问控制与权限管理

为了保障数据的安全性和隐私性，企业需要建立完善的访问控制和权限管理机制。访问控制是指通过一系列规则和政策来限制对数据的访问和操作。企业可以为不同的用户或角色分配不同的访问权限，以确保只有授权用户才能访问敏感数据。例如，企业可以为管理员分配最高级别的访问权限，以便进行数据的维护和管理；而为普通用户分配较低级别的访问权限，以限制其对数据的访问和操作。同时，企业还需要定期对访问控制和权限管理机制进行审查和更新。随着业务的发展和技术的更新，数据的敏感性和重要性可能会发生变化。因此，企业需要定期对访问控制和权限管理机制进行评估和调整，以确保其适应不断变化的安全需求。

3. 电子商务领域数据脱敏与匿名化处理

在数据分析和利用过程中，为了保护用户隐私和数据安全，企业可以采用数据脱敏和匿名化处理技术。数据脱敏是指对数据进行处理，使其在不改变原始数据含义的前提下，降低数据的敏感性和识别性。例如，企业可以将用户的真实姓名替换为昵称或化名；将用户的身份证号码替换为部分隐藏的号码等。通过数据脱敏处理，企业可以在保护用户隐私的同时，仍然能够利用数据进行有效的分析和利用。而匿名化处理则是指将数据中的个人标识信息删除或替换为随机生成的标识符，以确保数据无法与具体用户关联。匿名化处理可以进一步降低数据的敏感性，提高数据的安全性。例如，企业可以将用户的手机号码替换为随机生成的唯一标识符；将用户的 IP 地址替换为匿名化的 IP 地址等。通过匿名化处理，企业可以在确保数据安全的前提下，进行更加广泛的数据分析和利用。

4. 电子商务领域实时数据处理与监控

随着电子商务市场的竞争加剧，对于数据的实时性要求也越来越高。传统的数据处理技术往往难以满足实时性的要求。因此，企业需要采用流数据处理等技术来提高数据处理速度。流数据处理技术是一种针对实时数据流进行处理和分析的技术。它能够在数据到达时立即进行处理和分析，而无需等待整个数据集到达后再进行处理。通过采用流数据处理技术，企业可以实现对数据的实时监控和预警。例如，企业可以建立实时的数据监控机制，对数据的采集、处理、存储和利用过程进行实时监控和预警。一旦发现异常或风险，企业可以立即采取措施进行处理和应对。这种实时监控和预警机制可以帮助企业及时发现并应对潜在的安全风险和数据泄露问题。

（三）电子商务领域的跨平台数据整合与标准化

在电子商务领域中，不同平台和渠道之间的数据整合是一个重要的问题。由于不同平台的数据格式、标准不统一，给数据采集带来了一定的困难。为了实现跨平台的整合，企业需要制定统一的数据标准和接口规范，以确保不同平台之间的数据能够相互识别和交换。

1. 制定统一的电子商务领域数据标准

为了实现跨平台的数据整合，企业需要制定统一的数据标准。这些标准可以包括数据的格式、命名规则、数据类型等。通过制定统一的数据标准，企业可以确保不同平台之间的数据能够相互识别和交换。例如，企业可以制定统一的数据格式标准，以便不同平台之间的数据进行传输和交换。同时，企业还可以制定统一的命名规则和数据类型标准，以确保数据在不同平台之间的准确性和一致性。这些标准的制定需要考虑到不同平台之间的差异性和兼容性，以确保数据的无缝整合和交换。

2. 建立统一的电子商务领域数据接口规范

除了制定统一的数据标准外，企业还需要建立统一的数据接口规范。这些规范可以包括数据的传输协议、接口调用方式、参数格式等。通过建立统一的数据接口规范，企业可以确保不同平台之间的数据能够顺畅地进行传输和交换。例如，企业可以制定统一的应用程序编程接口规范，以便不同平台之间的数据进行交互和通信。这些应用程序编程接口规范可以包括请求参数、响应格式等，以确保数据在不同平台之间的正确传输和解析。同时，企业还可以建立统一的数据服务总线或数据交换平台，以便不同平台之间的数据进行集中管理和交换。这些平台可以提供统一的数据访问接口和数据视图，方便用户进行数据的查询和分析。

3. 采用电子商务领域数据集成技术

为了实现跨平台的数据整合，企业可以采用数据集成技术。数据集成技术是一种将不同来源、不同格式的数据进行统一管理和利用的技术。通过采用数据集成技术，企业可以将不同平台的数据进行集中存储和管理，实现数据的共享和协同利用。例如，企业可以采用提取、转换和加载工具来将不同平台的数据进行抽取、转换和加载到统一的数据仓库或数据湖中。这些工具可以自动化地完成数据的抽取和转换过程，提高数据处理的效率和准确性。同时，企业还可以采用数据联邦技术来实现不同平台之间的数据共享和协同利用。数据联邦技术通过将不同平台的数据进行虚拟整合，形成一个逻辑上的统一数据视图，方便用户进行数据的查询和分析。这种技术不需要将数据实际迁移到统一的数据存储中，从而降低了数据迁移的成本和风险。

4. 建立标准化的电子商务领域数据治理体系

为了实现跨平台的数据整合和标准化，企业需要建立数据治理体系。数据治理体系是指对数据从采集、处理、存储到利用的全过程进行管理和监控的体系。通过建立数据治理体系，企业可以确保数据的质量、安全性和合规性得到保障。企业需要制定数据治理策略和目标，明确数据治理的重要性和必要性。企业需要建立数据治理组织结构和职责分工，明确各部门和岗位的职责和权限。同时，企业还需要制定数据治理流程和规范，包括数据采集流程、数据处理流程、数据存储流程和数据利用流程等。这些流程和规范需要明确各个环节的具体操作步骤和要求，以确保数据的准确性和一致性。

第八章　数据采集与处理技术的挑战与发展趋势

数据采集与处理技术是信息时代的重要基石，其核心在于系统性地收集、处理和分析数据。随着科技的飞速进步和信息资源的不断激增，数据采集与处理手段持续演变，逐步形成了一套完整的技术生态。然而，在这一发展过程中，数据采集与处理也面临着诸多挑战，如数据质量、数据集成、实时数据处理、数据存储与计算、数据隐私与安全等问题。同时，随着大数据、物联网、人工智能等新兴技术的蓬勃发展，数据采集与处理技术正逐步向智能化、网络化、高速化、小型化的方向发展。本章将探讨数据采集与处理技术的挑战与发展趋势。

第一节　数据采集与处理技术面临的挑战与应对策略

一、数据采集技术面临的挑战与应对策略

(一) 数据采集技术面临的挑战

1. 工业领域复杂协议与数据互联互通的难题

大数据平台的建设需要有数据采集技术的支持，完整采集数据信息是落实应用大数据平台的基础，对工业运行数据进行完全收集，为工业的管理提供数据参考，实现智能化的工业管理。[①] 在工业数据采集的广阔领域中，复杂多样的通信协议构成了首要挑战。相较于通用的 HTTP 协议，工业环境广泛采用 ModBus、ControlNet、DeviceNet、Profibus、Zigbee 等多种专用协议。此外，自

[①] 陈晨. 数据采集技术在工业大数据平台中的应用 [J]. 现代工业经济和信息化，2023, 13 (5)：81-82+116.

动化设备和系统集成商还开发了私有协议,进一步加剧了数据互联互通的复杂性。这种多样性导致开发人员难以有效解析和采集不同协议下的数据,阻碍了工业自动化项目的顺利实施。工业数据不仅协议复杂,其格式、结构、大小和编码方式也各不相同,这要求数据采集系统具备高度的灵活性和适应性,以应对各种数据源和协议带来的挑战。此外,工业数据往往包含大量不规范或"脏"数据,这些数据在存储前需经过严格的数据处理,以确保后续分析的准确性和可靠性。这一过程不仅增加了技术实现的难度,也对数据处理算法和存储技术提出了更高要求。

2. 海量数据处理与实时性的双重考验

随着信息技术的飞速发展,数据采集量呈指数级增长,海量数据的处理成为另一大挑战。单纯的数据采集或许相对容易,但后续的数据清洗、整合、存储和分析则显得尤为复杂。尤其是在工业制造、互联网服务等领域,数据规模庞大且变化迅速,传统的批处理方式已无法满足实时数据处理的需求。面对这一挑战,必须采用流式处理和实时计算技术,以实现对数据的即时分析和响应。然而,这不仅要求数据采集系统具备高性能的计算和存储能力,还需要优化数据处理流程,提高数据处理的效率和准确性。此外,海量数据的处理还伴随着高昂的成本和资源消耗,如何在保证数据处理质量的同时,降低成本和资源使用效率,成为亟待解决的问题。海量数据的处理不仅考验着技术的极限,也对数据管理和分析策略提出了更高要求。

3. 数据安全与隐私保护的严峻形势

在大数据环境下,数据安全和隐私保护显得尤为重要。[①] 在数据采集过程中,数据安全和隐私保护问题日益凸显。随着越来越多的设备和系统接入网络,数据泄露和非法访问的风险显著增加。尤其是在医疗、金融、政府等敏感领域,数据的安全性和隐私性直接关系到个人隐私、企业利益乃至国家安全。因此,确保数据采集过程中的数据安全和隐私保护至关重要。这要求数据采集系统必须采用先进的数据加密、身份认证和权限控制机制,以防止数据被未经授权的访问或泄露。同时,还需要建立健全的数据管理体系,加强对数据传输和存储过程中的安全性和隐私保护措施。然而,数据安全和隐私保护并非易事,它需要在技术、法律、伦理等多个层面进行综合考虑和平衡,以确保数据的正当使用和共享。

---

① 王智璇,龚家友. 大数据背景下中国经济发展变化解析 [M]. 长春:吉林科学技术出版社,2021:105.

4. 多源异构数据整合的复杂性

在大数据时代，数据来源广泛且多样，包括关系型数据库、非关系型数据库、日志文件、社交媒体、物联网设备等。这些数据源不仅格式各异，如结构化数据、半结构化数据和非结构化数据，而且存储方式和访问接口也不尽相同。多源异构数据的整合成为数据采集技术面临的一大挑战。数据整合要求系统能够跨越不同平台、系统和协议，实现数据的无缝对接和统一视图。这不仅需要解决数据格式转换、数据映射和数据冲突等问题，还需要确保数据的一致性和完整性。此外，多源数据的整合还伴随着数据冗余和重复的风险，如何有效识别和去除重复数据，避免数据膨胀和资源浪费，也是一项技术难题。多源异构数据的整合挑战，不仅考验着数据采集技术的灵活性和可扩展性，也对数据管理和分析能力提出了更高要求，要求系统能够高效处理复杂的数据结构和关系，为用户提供准确、全面的数据支持。

5. 数据采集过程中的实时性与延迟问题

在实时性要求极高的应用场景中，如金融交易、实时监控、在线游戏等，数据采集的实时性和延迟问题成为关键挑战。实时数据采集要求系统能够迅速响应数据源的变化，及时捕获并处理数据，以支持实时决策和分析。然而，在实际操作中，由于网络延迟、设备响应时间、数据处理速度等多种因素的影响，数据采集往往存在一定的延迟。这种延迟可能导致数据时效性降低，影响决策的准确性和及时性。此外，在大数据环境下，数据采集的实时性还受到数据量和处理能力的限制。如何在保证数据质量的同时，提高数据采集的实时性和降低延迟，成为亟待解决的技术难题。

6. 数据采集与合规性的平衡

随着数据保护法规的日益严格，如欧盟的《通用数据保护条例》、中国的《个人信息保护法》等，数据采集与合规性的平衡成为又一重要挑战。这些法规对数据收集、存储、使用和共享等方面提出了明确要求，旨在保护个人隐私和数据安全。然而，在实际操作中，数据采集往往与合规性要求存在冲突。一方面，为了获取全面、准确的数据支持业务决策，系统需要采集尽可能多的数据；另一方面，为了遵守法规要求，必须限制数据的收集范围和使用方式，确保数据的合法性和正当性。如何在数据采集与合规性之间找到平衡点，成为数据采集技术面临的一大难题。

（二）数据采集技术的应对策略

1. 构建协议适配与数据标准化体系

在工业数据采集领域，面对复杂多样的通信协议和数据格式，构建一个协议适配与数据标准化体系是破解互联互通难题的关键。这一体系旨在通过统一的数据标准和灵活的协议适配机制，实现不同设备和系统间的无缝数据交换。

具体而言，体系的核心在于建立一个协议适配层，该层能够识别并解析工业环境中广泛使用的多种协议，包括ModBus、Profinet、EtherCAT等。通过开发相应的协议适配器，该层能够将不同协议下的数据转换为统一的内部表示格式，从而消除数据格式差异带来的互联互通障碍。同时，这一层还需支持动态配置和扩展，以适应未来可能出现的新协议。

在数据标准化方面，体系应制定一套完整的数据模型和数据字典，明确数据的定义、结构和编码规则。这有助于确保数据在不同系统和应用间的一致性和可理解性。此外，体系还应提供数据映射工具，允许用户根据业务需求定义数据字段之间的对应关系，实现数据的灵活转换和重组。

为了提升系统的可扩展性和灵活性，体系应采用模块化设计，将协议适配、数据转换、数据存储等功能封装为独立的组件。这样，当需要支持新的协议或数据格式时，只需添加相应的组件即可，无需对整个系统进行大规模修改。

2. 采用分布式流处理架构

面对海量数据处理和实时性要求的双重考验，采用分布式流处理架构成为提升数据采集和处理能力的有效途径。这一架构通过将数据处理任务分布在多个计算节点上并行执行，实现了对大规模数据流的实时分析和处理。

分布式流处理架构的核心在于其能够实时捕获数据流，并将其划分为多个微批次或单个事件进行处理。这种处理方式不仅提高了数据处理的吞吐量，还降低了数据处理的延迟，从而满足了实时性要求。同时，架构中的每个计算节点都具备独立的数据处理能力，能够并行处理数据任务，进一步提升了系统的整体性能。

为了实现高效的数据处理，架构还需提供丰富的数据处理算子，如窗口操作、聚合操作、连接操作等。这些算子允许用户根据业务需求对数据进行复杂的分析和转换，从而提取出有价值的信息。

在数据容错和可靠性方面，分布式流处理架构通常采用检查点机制和状态管理策略来确保数据的准确性和一致性。通过定期保存处理状态到持久化存储中，并在发生故障时恢复状态，系统能够保证数据处理的连续性和可靠性。

3. 实施多层次安全防护策略

在数据采集过程中，数据安全与隐私保护成为不可忽视的重要挑战。为了应对这一挑战，实施多层次安全防护策略成为保障数据安全和个人隐私的有效途径。

在数据采集阶段，技术人员应严格控制数据的访问权限和采集范围。通过采用身份认证和访问控制机制，确保只有授权用户才能访问和采集数据。同时，应明确数据的采集目的和使用范围，避免过度采集和滥用数据。

在数据传输阶段，技术人员应采用加密技术来保护数据的机密性和完整性，还可以采用数据脱敏技术来隐藏或替换数据中的敏感信息，进一步降低数据泄露的风险。

在数据存储和处理阶段，应采用多层次的安全防护措施来确保数据的安全性和隐私性。这包括采用数据库加密技术来保护存储的数据、采用访问控制和审计机制来监控数据的访问和使用情况，以及采用数据脱敏和匿名化技术来处理敏感数据等。

此外，为了提升系统的整体安全性，技术人员还应加强系统的安全审计和漏洞管理。通过定期对系统进行安全审计和漏洞扫描，及时发现并修复潜在的安全漏洞和弱点，防止黑客利用漏洞进行攻击。

4. 构建统一数据平台与智能整合引擎

面对多源异构数据的整合复杂性，构建一个统一的数据平台与智能整合引擎成为解决这一难题的关键。这一策略旨在通过集中管理和智能处理，实现多源数据的无缝对接和高效整合。

统一数据平台是数据整合的基础。该平台应具备强大的数据接入能力，支持多种数据源和数据格式的接入，包括关系型数据库、非关系型数据库、日志文件、社交媒体、物联网设备等。同时，平台还需提供统一的数据模型和数据字典，以确保不同数据源之间的数据能够相互理解和交换。这样可以实现对多源数据的集中管理和统一视图，为后续的数据整合和分析提供有力支持。

智能整合引擎是数据整合的核心。该引擎应具备强大的数据处理和转换能力，能够根据业务需求对多源数据进行智能匹配、清洗、转换和整合。通过智能整合引擎，技术人员可以实现对多源数据的深度挖掘和交叉验证，提高数据的准确性和可信度。同时，引擎还需支持灵活的数据映射和规则配置，以满足不同业务场景下的数据整合需求。

5. 优化数据采集架构与提升处理性能

数据采集过程中的实时性与延迟问题是影响数据质量和决策效率的关键因素。为了应对这一挑战，优化数据采集架构和提升处理性能成为必要的策略。

优化数据采集架构是提升实时性的基础。这包括采用分布式采集架构，将数据采集任务分散到多个节点上并行执行，以提高数据采集的吞吐量和速度。同时，技术人员还可以引入流式处理技术，实现对数据流的实时捕获和处理，降低数据采集的延迟。此外，还需考虑网络拓扑和传输协议的选择，以减小数据传输的延迟和丢包率。

提升处理性能是保障实时性的关键。这包括采用高性能的计算设备和存储系统，以提高数据处理的速度和容量。同时，技术人员还可以引入并行处理和分布式计算技术，将数据处理任务分散到多个处理器或节点上并行执行，进一步提高处理性能。

6. 强化合规性管理与保护个人隐私

在数据采集过程中，合规性与个人隐私保护是不可或缺的两个方面。为了平衡这两个方面，强化合规性管理和保护个人隐私成为必要的策略。

强化合规性管理是确保数据采集合法合规的基础。这包括制定明确的数据采集政策和规范，明确数据采集的目的、范围、方式和期限等关键要素。同时，还需建立严格的数据访问和使用权限管理制度，确保只有授权人员才能访问和使用数据。此外，还需定期对数据采集活动进行审计和评估，以确保数据采集活动符合相关法律法规和监管要求。

保护个人隐私是确保数据采集合法合规的关键。在数据采集过程中，技术人员应严格遵守相关法律法规和监管要求，确保个人隐私得到充分保护。这包括在数据采集前进行充分的告知和同意程序，确保被采集者了解数据采集的目的、方式和范围等关键信息，并自愿同意数据采集。同时，在数据采集和存储过程中，技术人员应采取必要的技术措施和管理措施，确保个人隐私不被泄露、滥用或非法获取。

二、数据处理技术面临的挑战与应对策略

（一）数据处理技术面临的挑战

1. 数据量的爆炸性增长

随着信息技术的飞速发展，数据量的爆炸性增长成为数据处理技术面临的首要挑战。这种增长不仅体现在数据的总量上，还体现在数据的复杂性和多样性上。传统的数据处理系统往往难以应对如此庞大的数据量，尤其是在处理非结构化数据时显得力不从心。结构化数据，如数据库中的表格信息，有一定的规律可循，但非结构化数据，如社交媒体上的文本、图片和视频，却因其格式多样、内容复杂而难以统一处理。

数据量的增长对存储和处理能力提出了更高要求。传统的存储方式，如硬盘和磁带，已经无法满足大数据时代的存储需求。分布式存储系统应运而生，通过将数据分散存储在多个节点上，提高了存储的可靠性和可扩展性。然而，

分布式存储也带来了新的问题，如数据一致性、容错性和安全性等。此外，处理大规模数据需要强大的计算能力，这要求硬件和软件系统能够高效协同工作，以实现对数据的快速分析和处理。

数据量的爆炸性增长还带来了数据管理的挑战。如何有效地组织、索引和查询海量数据，成为数据处理技术必须解决的问题。传统的数据库管理系统在处理大数据时显得捉襟见肘，因为它们往往基于关系模型，难以处理非结构化数据和半结构化数据。

2. 数据质量的参差不齐

数据质量的参差不齐是数据处理技术面临的另一大挑战。数据质量直接影响数据分析的准确性和可靠性。在实际应用中，数据往往存在缺失、错误、重复和不一致等问题。这些问题可能源于数据采集、传输、存储和处理过程中的各种因素，如传感器故障、网络延迟、数据录入错误等。

数据质量的参差不齐对数据分析的结果产生了严重影响。如果数据中存在大量错误或重复信息，那么分析结果将失去准确性，甚至可能导致错误的决策。因此，在数据处理过程中，需要对数据进行清洗、去重和校验等操作，以提高数据的质量和准确性。然而，这些操作往往耗时费力，且需要专业的知识和技能。

此外，数据质量的参差不齐还带来了数据集成的困难。在实际应用中，数据往往来自多个不同的数据源，这些数据源可能具有不同的格式、结构和定义。为了将不同数据源的数据整合到一个统一的视图中，需要进行数据映射和转换等操作。然而，由于数据质量的参差不齐，这些操作往往变得复杂而困难。

3. 实时数据处理的需求

实时数据处理的需求是数据处理技术面临的最后一项挑战。随着物联网、云计算和移动互联网等技术的广泛应用，越来越多的应用场景需要实时处理和分析数据。例如，智能交通系统需要实时处理交通流量和路况信息，以提供准确的交通导航和预警服务；金融交易系统需要实时处理和分析交易数据，以发现潜在的交易机会和风险。

实时数据处理要求系统具有低延迟和高吞吐量的处理能力。然而，传统的数据处理系统往往难以满足这些要求。它们往往基于批处理模式，难以实现对数据的实时分析和处理。因此，需要开发新的实时数据处理技术，如流处理和复杂事件处理技术等。这些技术可以实时地处理和分析数据，以满足实时应用程序的需求。

然而，实时数据处理也带来了新的挑战。实时数据处理要求系统具有高度的可靠性和稳定性。如果系统出现故障或延迟，将对实时应用程序造成严重影响。同时，实时数据处理需要处理大量的并发请求和数据流，这对系统的扩展性和性能提出了更高要求。

（二）数据处理技术的应对策略

1. 应对数据量的爆炸性增长的策略

面对数据量的爆炸性增长，数据处理技术必须采取一系列策略来确保高效、可扩展和可靠的数据处理能力。

一种有效的策略是采用分布式计算框架，如 Apache Hadoop 和 Apache Spark，它们能够处理 PB 级别的数据。这些框架通过将数据分割成小块并分发到多个计算节点上，实现了数据的并行处理。这种分布式计算模式不仅提高了数据处理速度，还增强了系统的可扩展性，使系统能够根据需要增加计算节点来应对数据量的增长。

此外，云存储和云计算服务也成为应对数据量爆炸性增长的重要手段。云服务商提供了弹性可扩展的存储和计算资源，能够根据数据量的变化动态调整资源分配。这种按需付费的模式降低了企业的 IT 成本，并提供了高可用性和容错性保障，确保数据在任何时候都能被可靠地访问和处理。

为了进一步提高数据处理效率，技术人员可以采用数据压缩和索引技术。数据压缩技术能够减少存储空间的占用，加快数据传输速度，同时保持数据的完整性和准确性。而索引技术则能够加速数据的查询和检索过程，提高数据处理的实时性。这些技术的结合使用，使得数据处理系统能够在数据量巨大的情况下仍然保持高效运行。

2. 应对数据质量参差不齐的策略

数据质量的参差不齐对数据处理结果产生了严重影响，因此必须采取一系列策略来提高数据质量。

数据清洗是提高数据质量的首要步骤。技术人员通过去除重复数据、填补缺失值、纠正错误数据等操作，可以显著提高数据的准确性和完整性。为了实现这一目标，还可以使用数据清洗工具或编写自定义脚本，根据特定的数据规则和业务逻辑对数据进行预处理。

数据验证和校验也是确保数据质量的重要手段。技术人员通过设定数据验证规则和校验逻辑，可以在数据输入和存储过程中及时发现并纠正错误数据。例如，可以使用正则表达式来验证数据的格式和类型，或者使用数据校验算法来检测数据的完整性和一致性。

此外，建立数据质量监控体系也是提高数据质量的有效途径。技术人员通过定期对数据质量进行监控和评估，可以及时发现数据质量问题并采取相应的纠正措施。这种监控体系可以包括数据质量报告、数据质量审计和数据质量改进计划等组成部分，以确保数据质量的持续改进和提升。

3. 应对实时数据处理需求的策略

随着实时数据处理需求的不断增加，数据处理技术必须采取一系列策略来满足这种需求。

技术人员可以采用流处理技术。流处理技术能够实时地处理和分析数据流，将数据转换为有价值的信息。这种技术通常使用专门的流处理引擎，它们能够处理高速数据流并提供低延迟的响应。通过将这些引擎集成到数据处理系统中，可以实现实时数据的监控、分析和预警。

同时，还可以优化数据处理算法和模型。技术人员通过选择高效的算法和模型，可以显著减少数据处理时间并提高系统的吞吐量。例如，可以使用近似算法来加速数据处理过程，或者使用机器学习模型来预测数据趋势和模式。

为了进一步提高实时数据处理的可靠性，技术人员还可以采用冗余部署和容错机制。技术人员可以将数据处理系统部署在多个节点上，并设置数据备份和恢复策略，这样可以确保系统在出现故障时仍能够继续运行并提供服务。这种冗余部署和容错机制可以显著提高系统的可用性和稳定性，满足实时数据处理的高要求。

第二节 数据采集与处理技术的发展趋势

一、数据采集技术的发展趋势

（一）边缘计算技术的普及化与智能化

随着大数据和物联网技术的快速发展，数据采集技术正经历着前所未有的变革。其中，边缘计算技术的普及化与智能化成为一个显著的发展趋势。边缘计算是一种将数据处理能力推向数据源附近的技术，这意味着设备和传感器可以在本地处理数据，而不必将数据传输到中央云服务器。这种技术的普及将极大地减少数据传输的延迟，提高数据处理的效率。

在边缘计算技术的推动下，数据采集将变得更加实时和高效。例如，在医疗、制造和汽车等领域，对数据的实时性要求极高。通过边缘计算，这些领域可以更快地获取和分析数据，从而做出更迅速的决策。此外，边缘计算还可以降低带宽使用，减少数据传输的成本。随着这一技术的不断成熟和普及，未来将有更多的设备和传感器具备本地数据处理能力，实现更智能的数据采集和分析。

边缘计算技术的智能化也是其发展的重要方向。通过引入人工智能和机器学习算法，边缘设备可以具备更高级的数据处理能力，如数据识别、异常检测和预测分析等。这将使数据采集系统更加智能，能够自动地根据数据的变化做出调整和优化。例如，在智能家居领域，边缘设备可以通过分析用户的行为习惯和喜好，自动调整家居设备的设置，提供更个性化的服务。

（二）5G技术推动数据采集的广泛性和实时性

5G技术的广泛应用为数据采集带来了革命性的变化。作为第五代移动通信技术，5G提供了更高的数据传输速度和更低的延迟，这为大规模的数据采集和传输提供了坚实的基础。随着5G技术的普及，将有更多的设备能够实现高速数据通信，从而支持更广泛的数据采集场景。

在5G技术的推动下，数据采集将变得更加广泛和实时。例如，在物联网领域，5G技术可以支持更多的传感器和设备实现高速连接和数据传输。这将使物联网数据采集的需求量大幅增加，涵盖智能家居、智能工厂、农业和医疗等多个领域。同时，5G技术还可以支持实时数据采集和分析，满足对实时信息的高需求。例如，在智能交通领域，5G技术可以支持车辆和道路设施之间的实时通信和数据传输，从而实现更智能的交通管理和控制。

此外，5G技术还可以推动数据采集技术的创新和应用。例如，通过结合边缘计算和5G技术，技术人员可以实现更高效的分布式数据采集和处理。这将使数据采集系统更加灵活和可扩展，能够适应不同场景和需求的变化。同时，5G技术还可以支持更高级的数据加密和安全措施，保护用户数据的隐私和安全。

（三）物联网技术的成熟与多模态数据采集的广泛应用

物联网技术被誉为信息科技产业的第三次革命。物联网的出现推动着现代社会智慧化程度的不断提高，"智慧地球""智慧城市""智慧生活"等概念也不断被提出。① 物联网技术的成熟为数据采集带来了更多的可能性。物联网是指各种设备和传感器通过互联网相互通信和共享数据的网络。随着物联网技术的不断发展和普及，将有更多的设备和传感器被连接到网络中，实现数据的实时采集和共享。

物联网技术的成熟推动了多模态数据采集的广泛应用。多模态数据采集是指从多种不同的数据源和设备中采集数据，包括声音、图像、视频和传感器数据等。这种数据采集方式可以提供更全面和丰富的数据信息，为数据分析和决策提供更有力的支持。例如，在智能家居领域，通过多模态数据采集，可以实现对家庭环境的全面监测和控制，包括温度、湿度、光照、声音等多种信息。

物联网技术的成熟还为数据采集带来了更多的应用场景和商业模式。例如，在工业自动化领域，通过物联网技术可以实现生产设备的远程监控和维护，提高生产效率和降低成本。在农业领域，通过物联网技术可以实现对农田环境的实时监测和数据分析，提高农作物的产量和质量。此外，物联网技术还可以支持智能城市、智能交通和智能医疗等领域的数据采集和分析，为城市的智能化和可持续发展提供有力支持。

（四）高精度传感器技术的革新与数据采集的精准化

高精度传感器技术的革新正引领数据采集技术向更加精准化的方向发展。传感器作为数据采集的核心组件，其精度和性能直接影响数据采集的质量和可靠性。随着材料科学、微纳技术和信息技术的不断进步，高精度传感器正逐步实现小型化、智能化和集成化，为数据采集提供了前所未有的精度和效率。

高精度传感器在诸多领域展现出巨大潜力。在环境监测中，高精度空气质量传感器能够实时监测空气中的PM2.5、甲醛等有害物质浓度，为环境保护提供科学依据。在医疗健康领域，高精度生物传感器能够实时监测人体生理指标，如心率、血压、血糖等，为疾病的预防和诊断提供重要信息。在工业制造中，高精度温度传感器和压力传感器能够精确测量设备运行状态，预防故障发生，提高生产效率。

高精度传感器技术的革新还推动了数据采集技术的智能化发展。通过集成智能算法和自适应技术，高精度传感器能够自动调整采样频率和精度，以适应不同环境和应用场景的需求。此外，高精度传感器还能够与其他智能设备实现无缝连接，构建智能化的数据采集网络，实现数据的实时共享和分析。

---

① 魏学将，王猛，李文锋. 智慧物流信息技术与应用［M］. 北京：机械工业出版社，2023：229.

（五）区块链技术在数据采集中的融合应用与数据溯源的可信度提升

区块链技术作为一种去中心化、防篡改的分布式账本技术，正逐步融入数据采集领域，为数据溯源的可信度提供有力保障。在数据采集过程中，区块链技术能够记录数据的生成、传输和处理过程，确保数据的完整性和真实性。

区块链技术在数据采集中的融合应用，体现在数据溯源方面。通过区块链技术，可以构建一个透明、可追溯的数据采集链条，确保数据从源头到终端的每一个环节都清晰可见。这有助于消除数据造假的可能性，提高数据的可信度和价值。

此外，区块链技术还能够提升数据采集的安全性和隐私保护水平。在区块链网络中，数据以加密形式存储和传输，只有经过授权的用户才能访问和处理数据。这有效防止了数据泄露和非法访问的风险，保护了用户的隐私权益。

随着区块链技术的不断成熟和普及，其在数据采集领域的应用将更加广泛和深入。未来，区块链技术将与人工智能、大数据等技术紧密结合，共同推动数据采集技术的创新和升级，为数据溯源的可信度提供更加坚实的保障。

二、数据处理技术的发展趋势

（一）智能化与自动化数据处理技术的深化应用

随着人工智能和机器学习技术的飞速发展，数据处理领域正经历一场深刻的智能化变革。在未来几年，智能化数据处理技术将成为主流，深刻影响各行各业的数据分析与应用。企业将更加依赖 AI 和 ML 算法来实时处理和分析海量数据，从中挖掘出有价值的信息和洞见。这种智能化趋势不仅体现在数据的预处理、特征提取和模型训练等环节，更贯穿于整个数据处理流程，推动决策自动化和智能化水平的提升。

智能化数据处理技术的应用将极大地提高数据处理的效率和准确性。例如，在金融领域，智能风控系统能够实时监测交易数据，识别异常交易行为，有效防范欺诈风险；在医疗领域，基于 AI 的诊断系统能够快速分析患者的医疗数据，辅助医生做出更精准的诊断和治疗决策。此外，智能化数据处理还将推动数据治理和数据质量管理的升级，确保数据的准确性、完整性和一致性，为企业的数字化转型提供有力支撑。

与此同时，自动化数据处理技术也将迎来新的发展机遇。自动化工具能够简化数据处理流程，减少人工干预，降低运营成本。例如，自动化数据清洗和转换工具能够快速处理原始数据，将其转换为适合分析的格式；自动化报表生成工具能够根据预设的规则和模板，自动生成各类数据报表和分析报告，提高数据应用的便捷性和时效性。

（二）数据安全与隐私保护技术的强化

随着数据量的爆炸式增长和数据应用的日益广泛，数据安全与隐私保护问题日益凸显。未来，数据安全与隐私保护技术将成为数据处理领域的重要发展方向。

一方面，企业需要加强数据加密和访问控制等安全措施，确保数据的机密性、完整性和可用性。例如，采用先进的加密算法对敏感数据进行加密存储和传输；建立严格的访问控制机制，防止未经授权的访问和操作。另一方面，企业还需要加强数据隐私保护技术的研究和应用，确保个人隐私不被泄露和滥用。例如，采用差分隐私等技术对敏感数据进行脱敏处理；建立数据隐私保护政策和流程，规范数据的收集、使用和共享行为。

此外，随着数据法规和政策的不断完善，企业还需要加强对数据合规性的管理和监督。例如，建立数据合规性审查机制，确保数据处理活动符合相关法律法规的要求；加强对数据供应商和合作伙伴的合规性审核和管理，确保整个数据处理链条的合规性。

（三）数据治理与数据质量管理的升级

数据治理与数据质量管理是数据处理领域的重要基石。未来，随着数据量的不断增加和数据应用的深化，数据治理与数据质量管理将面临更多的挑战和机遇。

一方面，企业需要建立完善的数据治理体系，明确数据的所有权、使用权和管理权等权责关系。例如，建立数据治理委员会或数据管理部门，负责数据治理工作的规划、组织和实施；制定数据治理政策和流程，规范数据的收集、存储、处理和应用等行为。另一方面，企业还需要加强数据质量管理的力度，确保数据的准确性、完整性和一致性。例如，建立数据质量监控和评估机制，定期对数据质量进行检查和评估；采用数据清洗和转换等技术手段对数据进行预处理和优化，提高数据的质量和可用性。

此外，随着大数据技术的不断发展和应用场景的拓展，数据治理与数据质量管理还需要与智能化、自动化等技术相结合，实现数据治理的智能化和自动化。例如，利用 AI 和 ML 算法对数据质量进行智能检测和预警；采用自动化工具对数据进行清洗和转换等预处理操作，提高数据治理和数据质量管理的效率和准确性。

（四）数据湖与数据仓库的融合发展

在数据处理领域，数据湖与数据仓库作为两种重要的数据存储和处理架构，各自拥有独特的优势。未来，随着数据处理需求的多样化和复杂化，数据湖与数据仓库将呈现出融合发展的趋势，共同构建更加高效、灵活的数据处理平台。

数据湖是一个数据存储库，将来自于多个数据源的数据以它们原生态的方式进行存储。[1] 数据湖以其低成本、高扩展性和对多种数据格式的支持，成为大数据存储和处理的理想选择。它允许企业以原始格式存储海量数据，为后续的数据分析和挖掘提供了丰富的数据源。然而，数据湖在数据管理和查询性能上存在一定的局限性。相比之下，数据仓库则擅长于结构化数据的存储、管理和快速查询，能够为企业提供高效的数据分析服务。

未来，数据湖与数据仓库的融合发展将主要体现在以下几个方面：一是数据湖将引入更多的数据管理和查询优化技术，提高数据处理的效率和准确性；二是数据仓库将支持更多种类的数据格式和存储方式，以适应大数据处理的需求；三是数据湖与数据仓库将实现更加紧密的数据共享和交互，形成统一的数据处理平台。这种融合发展将为企业提供更加全面、高效的数据处理服务，推动数据价值的深度挖掘和应用。

（五）实时数据处理与流处理技术的广泛应用

实时数据处理和流处理技术作为数据处理领域的重要分支，正在逐渐改变数据处理的传统模式。未来，随着物联网、智能制造和在线服务等领域的快速发展，实时数据处理和流处理技术将迎来更加广泛的应用前景。

实时数据处理技术能够实现对数据的即时处理和分析，为企业的决策提供及时、准确的数据支持。例如，在金融领域，实时数据处理技术能够实时监测交易数据，及时发现并处理异常交易行为；在物流领域，实时数据处理技术能够实时跟踪货物的运输情况，提高物流效率和客户满意度。

流处理技术则更加侧重于对持续产生的数据流进行实时处理和分析。它能够将数据流划分为多个小批次进行处理，实现数据的实时更新和查询。未来，随着物联网设备的不断增加和数据量的快速增长，流处理技术将成为处理大规模数据流的重要手段。

---

[1] 陈忆金，奉国和. 数据资源管理 [M]. 北京：机械工业出版社，2024：118.

实时数据处理和流处理技术的广泛应用将为企业带来更加丰富的数据洞察和决策支持。例如，在智能制造领域，企业可以利用实时数据处理和流处理技术对生产数据进行实时监测和分析，及时发现生产过程中的问题和瓶颈；在在线服务领域，企业可以利用这些技术对用户行为数据进行实时分析，优化用户体验和服务质量。

（六）数据可视化与交互式数据分析的深化

数据可视化与交互式数据分析作为数据处理领域的重要工具，正在逐渐成为企业数据分析和决策的重要支撑。未来，随着数据量的不断增加和数据应用的深化，数据可视化与交互式数据分析将呈现出更加多样化、智能化的发展趋势。

数据可视化能够将复杂的数据转化为直观、易懂的图形和图表，帮助用户更好地理解数据和洞察数据背后的信息。未来，数据可视化技术将更加注重用户体验和交互性，提供更加丰富、灵活的可视化选项和工具。例如，利用 3D 图形和动画效果来展示数据的空间和时间变化；利用自然语言处理和语音识别技术来实现与数据可视化系统的交互和查询。

交互式数据分析则允许用户通过拖拽、点击等方式与数据进行交互，实现数据的灵活查询和分析。未来，交互式数据分析将更加注重智能化和自动化，提供更加高效、准确的数据分析服务。例如，利用 AI 算法对用户的查询行为进行智能分析和预测，为用户提供更加精准的数据分析和建议；利用自动化工具来简化数据分析流程，降低用户的技术门槛和学习成本。

参考文献

[1] 安俊秀，叶剑，陈宏松，等．人工智能原理、技术与应用［M］．北京：机械工业出版社，2022.

[2] 鲍世超．时代聚变：数字经济与创新发展［M］．北京：中国经济出版社，2024.

[3] 北京大数据协会．大数据分析实务初级教程：EXCEL篇［M］．北京：中国统计出版社，2022.

[4] 陈晨．数据采集技术在工业大数据平台中的应用［J］．现代工业经济和信息化，2023，13（5）：81-82+116.

[5] 陈燕，屈莉莉．数据挖掘技术与应用［M］．大连：大连海事大学出版社，2020.

[6] 陈忆金，奉国和．数据资源管理［M］．北京：机械工业出版社，2024.

[7] 邓莎莎．新文科数据科学导论［M］．上海：上海交通大学出版社，2023.

[8] 丁艳．人工智能基础与应用［M］．2版．北京：机械工业出版社，2024.

[9] 董付国．大数据的Python基础［M］．2版．北京：机械工业出版社，2023.

[10] 郭凡莹．数智推动金融高质量发展的路径探究［J］．投资与创业，2024，35（24）：1-3.

[11] 胡玉玮，周之瀚．做好数字金融大文章强化金融业数据治理［J］．债券，2024（12）.

[12] 黄金凤．大数据分析与应用实战［M］．上海：同济大学出版社；大连：东软电子出版社，2023.

[13] 蒋加伏，胡静．大学计算机：新工科·案例版［M］．6版．北京：北京邮电大学出版社，2022.

[14] Python进阶者组．Python自动化高效办公超入门［M］．北京：机械工业出版社，2023.

[15] 李渤．信息化背景下公共图书馆个性化服务发展趋势［M］．天津：天津

大学出版社，2023．

[16] 李进，谭毓安．人工智能安全基础 [M]．北京：机械工业出版社，2023．

[17] 李茂月．机械零件非接触式测量技术 [M]．北京：冶金工业出版社，2023．

[18] 梁馨予，方锐，甘青山，等．新型配电网大数据集成技术与应用 [J]．电力大数据，2022，25（7）：53-61．

[19] 梁彦霞，金蓉，张新社．新编通信技术概论 [M]．武汉：华中科技大学出版社，2021．

[20] 廖娟．大数据技术理论研究 [M]．长春：吉林出版集团股份有限公司，2022．

[21] 廖娟，阮运飞．大数据时代电子商务安全与数据分析平台分析 [J]．电脑知识与技术，2019，15（30）：291-292．

[22] 刘宾．数字化背景下的金融业数据管理体系研究 [J]．债券，2024（12）：28-33．

[23] 刘晨．医联体建设背景下区域医疗服务体系智慧中台建设研究 [J]．网络安全和信息化，2025（1）：8-10．

[24] 刘隽良，王月兵，覃锦端，等．数据安全实践指南 [M]．北京：机械工业出版社，2022．

[25] 刘汪根，杨一帆，杨蔚，等．数据安全与流通：技术、架构与实践 [M]．北京：机械工业出版社，2023．

[26] 刘运节，杨媛，张芳琴．大学计算机基础 [M]．北京：北京邮电大学出版社，2022．

[27] 马晓仟，石瑞生．网络空间安全专业规划教材：大数据安全与隐私保护 [M]．北京：北京邮电大学出版社，2019．

[28] [美] 希拉格·沙阿．数据科学：基本概念技术及应用 [M]．北京：机械工业出版社，2023．

[29] 牛奔，耿爽，王红．数据科学导论 [M]．北京：中国经济出版社，2022．

[30] 彭雨晴．环保大数据在环境污染防治管理中的应用 [J]．皮革制作与环保科技，2023，4（17）：52-54．

[31] 任羿，孙博，冯强，等．可靠性设计分析基础 [M]．2 版．北京：北京航空航天大学出版社，2023．

[32] 瑞民．大数据安全：技术与管理 [M]．北京：机械工业出版社，2021．

[33] 史晓凌．慧聚：基于知识工程的工业技术软件化 [M]．北京：机械工业出版社，2023．

[34] 司皓文，李杰，张正君．大数据时代下医疗设备管理的现状分析与发展方向探究［J］．中国设备工程，2024（24）：66-68．

[35] 隋春荣，刘华卿．图书馆信息平台的理论基础与技术开发［M］．成都：电子科技大学出版社，2017．

[36] 覃事刚，姚瑶，李奇．大数据技术基础［M］．2版．北京：航空工业出版社，2021．

[37] 田野，张建伟．AI赋能：企业智能化应用实践［M］．北京：机械工业出版社，2024．

[38] 万珊珊，吕橙，郭志强，等．计算思维导论［M］．北京：机械工业出版社，2023．

[39] 王成，李明明．经济管理创新研究［M］．北京：中国商务出版社，2023．

[40] 王刚．大数据管理与应用［M］．北京：机械工业出版社，2024

[41] 王贵，杨武剑，周苏．大数据分析与实践：社会研究与数字治理［M］．北京：机械工业出版社，2024．

[42] 王希龙．金融数据采集与分析系统设计研究［J］．数字通信世界，2018（9）：142．

[43] 王煜，黄先辉，张军．矿山激电测深数据格式解析及数据处理［J］．世界有色金属，2018（4）：25-26．

[44] 王志．大数据技术基础［M］．武汉：华中科技大学出版社，2021．

[45] 王智璇，龚家友．大数据背景下中国经济发展变化解析［M］．长春：吉林科学技术出版社，2021．

[46] 魏学将，王猛，李文锋．智慧物流信息技术与应用［M］．北京：机械工业出版社，2023．

[47] 文拥军，胥兴军．精编会计学原理［M］．3版．武汉：武汉理工大学出版社，2020．

[48] 吴嘉瑞，李国正，张俊华，等．中医药临床大数据研究［M］．北京：中国医药科技出版社，2020．

[49] 谢文伟，印杰．深度学习与计算机视觉：核心算法与应用［M］．北京：北京理工大学出版社，2023．

[50] 谢文伟，印杰．深度学习与计算机视觉：核心算法与应用［M］．北京：北京理工大学出版社，2023．

[51] 徐国艳，刘聪琳．Python深度学习及智能车竞赛实践［M］．北京：机械工业出版社，2024．

[52] 徐正全，王豪，徐正全，等．北斗卫星导航系统时空大数据隐私保护

[M]．武汉：湖北科学技术出版社；长江出版传媒，2021．
[53] 薛达，韦艳宜，伏达，等．一本书读懂AIGC：探索AI商业化新时代[M]．北京：机械工业出版社，2024．
[54] 袁春，刘婧，王工艺．基于鲲鹏的大数据挖掘算法实战[M]．北京：机械工业出版社，2022．
[55] 袁芬，杜兰晓．智慧旅游技术概论[M]．北京：旅游教育出版社，2022．
[56] 猿媛之家，周炎亮，等．大数据分析师面试笔试宝典[M]．北京：机械工业出版社，2022．
[57] 张纪林，顾小卫，张亦钊，等．跨域数据授权运营研究及应用[J]．大数据，2023，9（4）：83-97．
[58] 张瑾．新编计算机导论[M]．北京：机械工业出版社，2024．
[59] 张荣静，卫强．智能化时代下的智能财务建设研究[M]．延吉：延边大学出版社，2023．
[60] 张伟亮，李村璞．金融科技与现代金融市场[M]．西安：西安交通大学出版社，2023．
[61] 张尧学，胡春明．大数据导论[M]．2版．北京：机械工业出版社，2021．
[62] 赵圣麟．物联网多传感器数据采集系统设计与实现[J]．通信电源技术，2022，39（17）：36-38．